產後骨盆

身心修復與體態恢復最速回血指南

從頭到腳，由裡到外，
史上最完整的
中醫產後調理聖經

林蔚喬 醫師　柯莉文 醫師／著
「不務正業家醫科」
劉鴻略 醫師／繪

前言

　　婦女在懷胎10月一直到生產分娩後，身體會歷經許多複雜的變化，產後的身體修復並不是想像中那麼簡單，在月子中心休息一個月後就什麼都恢復了。在中醫的角度中，內在我們需要將耗氣傷血的部分補充調養，外在我們也應該透過整復及復健訓練來恢復我們原有健康的身體結構。內外的調養修復缺一不可，這也正是中醫所擅長的整體觀、全人觀照護。

　　在台灣，甚至在整個中華文化地區，一直以來都非常流行「產後喬骨盆」，是許多產婦升級成為媽媽後，會排入產後清單的一個行程，但到底產後為什麼要喬骨盆？喬骨盆的意義跟目的在哪？其實在許多媽媽的印象中，對於聽到「產後喬骨盆」幾乎都會有較狹義的認知反應，就是希望能將懷孕前的褲子穿上，讓自己的臀部可以縮小還原變美觀。但實際上產後喬骨盆的意義與目的遠多於這些根深蒂固的印象，廣義的產後喬骨盆處理的不只是美觀的問題，更多是恢復健康的目的。

　　產後喬骨盆在台灣一般人的認知上似乎並非是主流的西方醫學，比較像是傳統文化、習俗，甚至被視為產後必做的一個里程碑，有時候常常打打卡就了事了，但是身體產生了什麼變化卻渾然不知。幾乎百分之九十以上的媽媽們聽到產後喬骨盆，第一反應與反射就是：

「生完褲子穿不上 QQ」

「生完骨盆變大 QQ」

「生完骨盆變鬆了 QQ」

所以要藉由產後喬骨盆來縮小骨盆，褲子就能穿上了！然後接踵而來的就是一些似是而非的「鬆弛素」理論。為了產後能穿回褲子，產婦對於產後喬骨盆便趨之若鶩，這些都代表產後喬骨盆的文化已經深植人心，但你會發現網路或身邊產婦的經驗談中，有些人喬了會變小，有些人喬了似乎差異不大，喬了沒變小的人有些仍舊不明所以，乾脆再多換幾家去嘗試，但終究換來一樣的結果。

這些產後有關骨盆或是身材及健康的問題，一直以來都被蒙上一層神秘的面紗，網路上對此類議題的討論總是眾說紛紜，甚至不乏一些道聽塗說或是危言聳聽的言論存在，但其實站在中醫師的角度，這些問題都能用中醫理論來一一破解，這也正是中醫的強項，本書接下來會揭開產後喬骨盆的神秘面紗，讓各位媽媽可以更了解自己的身體，在產後保養保健的路上可以獲得更多的幫助。

目錄

自序	008
推薦序——李興明 醫師	011
推薦序——黃健魁 醫師	014
推薦序——沈瑞斌 醫師	017
推薦序——趙重陽 醫師	020
推薦序——陳柏廷 醫師	023

Chapter 1　孕前你就該知道的事

脊椎骨盆概論	**028**
認識骨盆	028
認識脊椎	031
鼎鼎大名的「鬆弛素」	**034**
關節鬆弛都是「鬆弛素」惹的禍？	036
運動是最好的備孕方式	038

Chapter 2　孕期產後身體結構的變化

上半身-自律神經失調-肩膀僵硬惹的禍	**047**
頭暈、頭痛、眼睛乾澀、耳鳴	049
胸悶、呼吸不順，喉嚨卡卡，胃酸，消化不良	051

下半身-骨盆角度變化的影響	**053**
骨盆前傾	053
如何自我判斷為骨盆前傾	055
骨盆後傾	056
假胯寬	058
真胯與假胯	058
「假胯寬」成因	060
下交叉症候群	061

Chapter 3　中醫針傷科的拿手絕活

趨之若鶩的產後喬骨盆	**072**
狹義的產後喬骨盆	072
產後塑身衣的迷思	074
廣義的產後喬骨盆-全身關節修復	075
產後喬骨盆的迷思與陷阱	**076**
自我檢測假胯寬	078
觸診	078
孕前及產後體重差距	079
產後喬骨盆-黃金調理期	**080**
「坐月子」有時效性	080
產後喬骨盆也是「坐月子」的一環	081
產後多久可以喬骨盆？	087

產後一定要喬骨盆嗎？	089
產後喬骨盆的加乘效果	094
喬骨盆的手法介紹與原理	096
整骨、整脊的風險大嗎？	099
整骨、整脊是治標不治本嗎？	102
中醫治療疼痛的秘器：針灸與針刀	111
針灸	111
小針刀	114

Chapter 4　產後常見傷科症狀個論

產後疼痛篇章-四肢關節	**120**
媽媽手	120
產後手指關節僵硬疼痛的真相	127
產後足跟痛與足底痛（足底筋膜炎）	132
產後膝蓋無力疼痛	139
產後疼痛篇章-上半部軀幹篇	**146**
產後肩背痛	146
產後肋骨痛	150
落枕	154
烏龜脖/富貴包	157
膏肓痛	161
頭痛與頭風的迷思	165

產後疼痛篇章-軀幹下半篇　　　　　　**170**
　產後腰痛　　　　　　　　　　　　　　170
　　減痛分娩注射後腰痛？　　　　　　　174
　　腰臀痛伴隨僵直感　　　　　　　　　175
　　腰痛預防與自我復健　　　　　　　　188
　尾椎痛/尾骨痛　　　　　　　　　　　191
　民俗療法 肛門內喬尾椎　　　　　　　194
　產後恥骨痛　　　　　　　　　　　　　200
　產後鼠蹊痛/該邊痛　　　　　　　　　205

其他　　　　　　　　　　　　　　　　**208**
　高低肩與長短腳　　　　　　　　　　　208
　產後漏尿/產後排尿困難　　　　　　　215

自序

從臨床實證出發，為產後調理開創一條中醫傷科之路

　　剛進臨床，在中醫傷科臨床打滾的幾年中，我與太太柯莉文醫師發現手上的傷科患者，總是會出現一個特別的族群，就是剛變成媽媽的產婦們。在不斷的診治這個族群之下，我逐漸發現大家常出現的症狀都如此錯綜複雜，卻又如此雷同，懷孕前都沒這些問題，為什麼產後這些症狀就開始找上門？好奇心驅使下，我大量翻閱網路資料與各式圖書，試圖去理解造成產婦這些症狀的成因，但找到有關於產後的資料，絕大多數都是跟坐好月子、補養等內科調理有關，竟然沒有任何系統性整理產後所有疼痛與疑難雜症的資料與書籍。於是我開始自我摸索，藉由不斷的觸診與大量的臨床治療經驗，慢慢去了解這些媽媽們孕前產後的身體結構變化與改變，推演並實證造成這些症狀的前因後果。逐漸的，我門診中的產婦越來越多，也被中部多家月子中心認證並大量的轉介個案來治療，隨著經驗累積，一些只會出現在產婦身上的疑難雜症逐漸被我掌握，像是產後的晨起手指關節僵硬問題，原本我也不以為意，但當第 10 個、第 20 個產婦跟你說她有這個問題

時，我才發現類似這些教科書沒教的東西與網路資料也查不到的症狀，是確實存在也必須處理的。

　　我很幸運，因為來看門診的幾乎都是產婦，所以在這種機緣下與摸索下，我很成功且順利的將這些產後的疑難雜症一一破解，這些產婦是我的患者，同時也是我的老師，在大量與產婦的診療對話下，從無到有讓我掌握了產後傷科與調理的秘密。有些疑難雜症，在我於網路媒體及社群中發表了治療成功的案例後，我的門診開始接到來自全台各地，特別前來治療的產婦，其中遇到了許多受病痛折磨多年的媽媽們，一直找不到會治療的醫師，由於實在不忍這些產婦在產後受苦磨難，並且我一個人也無法治療所有的產後媽媽，於是我發願要將我所學所悟的所有臨床經驗，毫不保留地紀錄下來並傳承出去，本書便是這一切經驗的濃縮與總結。我希望將自己數年來在中醫內科與傷科交會處的觀察與實戰經驗，完整地，且有系統地傳遞出來，並打破傳統的迷信與坊間謠言。這不僅是寫給產婦的書，更是寫給所有關注產後健康、關心身體結構與疼痛本質的醫療工作者與中醫同道。書中將深入淺出地講解懷孕到產後的身體結構變化，以及這些變化如何導致常見的產後症狀與疼痛，並以實際臨床邏輯與治療原則進行分析與分享。

我始終相信，產後疼痛不是命運的安排，也不該成為常態。那些困擾產婦的疼痛，並非模糊不清的「虛寒」、「瘀堵」而已，它們背後往往有清楚的結構失衡與力學改變。只要理解機轉，採取正確的診治路徑，許多造成長期困擾的疼痛其實是可以逆轉的。我也希望本書能讓更多產婦明白，產後的不適並非妳的錯，也不是妳的命，而是可以理解、可以被照顧、可以被治癒的身體訊號。

　　對於有志於中醫傷科的年輕醫師們，本書的內容或許能為你們節省掉許多臨床上的摸索與繞路。產婦的結構性問題，其實就是中醫大傷科的一個縮影。而產後，是女性一生中最需要被好好呵護的關鍵時期。如果能掌握產婦傷科，就等於打開了進入中醫傷科更高層次的門。

　　我由衷感謝兩位引領我走上中醫傷科之路的國寶恩師—李興明醫師與黃建魁醫師。正是他們無私的教導與傾囊相授，讓我能站在巨人的肩膀上，看見中醫傷科的深度與廣度，並將其融合進我對產後結構問題的思索與實踐。這本書也算是我對他們的回饋與傳承，願他們的教誨，能透過我的筆，繼續在這片醫療土地上發芽、生長。

　　希望這本書，能成為產後婦女的一道光，也能成為中醫界的第一先鋒，為中醫在產後調理開創一個新的視野與領域。讓中醫在坐月子的角色中，不僅能補，更能調；不僅治虛，更能解痛。

推薦序

中華黃庭醫學會榮譽理事長、

妙健堂中醫診所

李興明 院長

　　在中醫臨床的各個領域中，產婦在產後的調理與修復，一直是極具挑戰性且需細膩處理的專科之一。它不僅涉及內、婦、針灸以及骨傷等多科綜合判斷，更牽涉到整體體質、情緒與生活型態的深度調整。因此，能夠在這樣的領域中整理出一整套系統化、臨床可用的知識與觀念，實非易事。目前市面上的產後中醫調理書籍，幾乎皆是以內科調養為主，關於外在結構的變化與康復的討論極少甚至全無，本系列的產後調養書籍確實開創了先鋒，且論述完整，實屬可貴。

　　林蔚喬醫師與柯莉文醫師，兩位均為我指導過的學生，是極具潛力的優秀門生。自住院醫師時期起即勤奮好學，尤其是林醫師對於中醫的傷科領域極有興趣及熱忱，長期隨我門診跟診，在兩年多的臨床磨練中，展現出超乎常人的理解力與手法敏感度。林醫師在觸診及脊椎四肢關節整復的手法操作上有極高的天分，學習反應快速，臨床執

行準確度佳，且具備極佳的肢體協調與實作能力，過往於醫界舉辦之運動賽事中更屢次獲獎，運動天分優異，可見其反應與專注力兼具。而柯醫師則專精於內科調養，對於脈學有長期而深入的研究與體會，對方藥與證型的辨識具極高的敏感度與準確度，其臨床處方思路清晰，調理方向明確且療效顯著。兩位醫師各有所長，在臨床診治上相得益彰，亦充分體現出理論與實務並重的中醫精神。

此次他們親自所撰寫的產後中醫調養一書，正是他們多年臨床實踐與理論統整的成果。全書內容涵蓋從中醫月子調理、產後骨盆復位、整骨處理、常見產後疼痛問題，到內科多種疑難雜症的辨證論治，層次清晰、內容紮實。更重要的是，此書不同於一般照本宣科、分類刻板的教科書內容，而是來自真實臨床中不斷累積、調整與驗證的經驗分享，對當代中醫師而言極具參考與實用價值。

尤其書中對於傷科與內科兼並的處理，有其獨到見解與實操技術，對於中醫婦科、中醫傷科及整脊領域的專業人員而言，皆能有所啟發。書中不少觀點與處方安排，皆與臨床高度對應，讀者在閱讀後不僅能提升理論深度，更能於實際行醫中直接應用，彌補了現行中醫教育中

理論與實務落差的缺口，實踐了中醫不僅可以內病外治亦可外病內治的宏觀思維。

身為他們的指導老師與中醫實務工作者，我深知這本書所代表的不僅是一部專業著作，更是新一代中醫師對臨床負責、對患者用心的展現。這份態度與專業精神，是中醫能永續發展的根基，也是醫道傳承最重要的核心。

我誠摯推薦此書予有志深入產後醫療照護的中醫同道、實習與年輕醫師，甚至是希望了解中醫產後調理之一般讀者，相信都能順利找到解決產後疑難雜症的方法，預防疾病，遠離病痛。此書可為指南或作為教學參考，其臨床含金量與應用價值，皆值得高度肯定。

推薦序

台灣鳳陽門正骨醫學會理事長、

瀚聲中醫診所

黃建魁 院長

　　在中醫臨床領域日益分工精細的今天，能夠橫跨婦科、傷科與內科的中醫師並不容易，而能將這些整合並系統化呈現在著作中，更是極為罕見的成就。作為第一先鋒，林蔚喬醫師與柯莉文醫師合著的中醫產後內外調理全書，正是一部兼具開創視野與臨床實用價值的中醫專業著作。

　　身為他們的老師，我對兩位醫師的臨床態度、醫術造詣以及學習精神皆有極深刻的認識。他們長年參與鳳陽門正骨醫學會的研習課程，並在我門診中隨診、研修。即便已經開業多年，在臨床上遇到疑難問題時，仍會主動提問、深入請教，顯見其對醫道的敬重與不斷精進的態度。兩人不僅學習力強，且領悟力極高，常能將傳統正骨、針刀與臨床理論靈活應用，轉化為個人化、系統化的臨床操作模式。

　　他們在產後中醫調理的領域上，是目前台灣中醫界中首度將整體「中醫產後結構調整」與「全人照護」具體化的醫師。市面上關於產

後調理的中醫書籍多聚焦於內科調養或月子進補，而本系列書籍卻更完整地加入了孕期產後的脊椎、骨盆等結構變化，從體態改變去解釋產後發生疼痛的原因，延伸至內科等系統性問題，在同一個症狀上融會了中醫內科的觀點與傷科的筋骨整復思路，從臨床出發，一路整理出一套有別於傳統觀念的產後整合照護架構。這種融合傷科與內科視野的全新嘗試，是台灣中醫界前所未見的創舉。

臨床上常常遇到有些患者的內科問題無法被很好的處理，往往源自於醫師對於身體骨關節排列紊亂的忽略，而林蔚喬與柯莉文兩位醫師，透過長期臨床實作，已能嫻熟應對產後各類結構與機能失調問題，不僅療效穩定，亦能一針見血地分析證型與治則。這本書中記錄的每個章節與案例，皆非紙上談兵，而是源自無數次面對真實患者、反覆驗證後才敢書寫的成果。

由於其門診的獨特性，以及他們在臨床上的細心、專注與扎實醫術，兩位醫師也皆有許多遠從各地前來求治的病患。他們不僅醫術精純，更重要的是對待患者視病猶親、對待師長恭謹有禮，這是中醫傳統中最重要的醫德與人品。在我的學生中，他們是極為亮眼的一組搭檔，不僅眼光獨到，更具慧根，能在臨床變化中看出病機，也能用心

去感受患者的需求，將醫療落實於人心。

　　誠摯推薦本書給所有對中醫產後照護、筋骨調理、體態重建有興趣的醫療照護人員，與一般有懷孕計畫或是已經產後的讀者家庭。本書不僅為臨床提供豐富的實用參考，也為產後的各種疑難雜症提供康復之道，更為未來中醫在婦科產後照護領域的發展，提供了一條創新而深具價值的方向。

推薦序

《實用居家漢方美容》作者、
台灣顏面針灸醫學會名譽理事長、麗馨中醫診所
沈瑞斌 院長

　　現今的醫療環境存在很多有趣的現象，不管是施予醫療者或是接受醫療者，實際臨床應對上也常有雞同鴨講、自矜自是的狀況。在我從事臨床工作二十五年來，無論是在西醫或中醫，都看盡了患者與醫者的互動、家屬間的爭執，尤其當今，醫學知識唾手可得，卻又更不明究理。有些尋求西醫治療的患者，在探查網路資訊後，有了自己的想法，甚至自行診斷與處方，而與臨床經驗多年的醫師間少了溝通、多了指教；而尋求中醫治療的患者，或許醫師在講的詞，每個字他都懂，但似乎也都不懂，在他認識的字裡開始生出了自己的解釋。

　　當我看到柯莉文醫師與林蔚喬醫師耗時兩年多打造的這兩本新書後，我知道，這些怪現象有解了。柯莉文醫師與林蔚喬醫師從無到有寫出兩本全新的產後中醫調理專書，第一本的主題是「產後喬骨盆」，寫的是有關產後傷科與疼痛的內容，這應該是全台第一本針對產後脊

椎骨盆的修復指南；第二本則是談「產後內科調理」，是有關產後的中醫月子調養，針對產後所有可能出現的症狀提出解方，以美顏針來恢復青春，產婦最在意的駐顏與減肥也有詳細說明。兩位醫師把這幾年所做的研究以及臨床經驗都寫進去了，也寫進我的心坎。

　　婦女從懷胎一直到分娩後，身體會經歷許多複雜的變化與挑戰，產後的身體修復並不是吃吃喝喝就能恢復原貌、在月子中心爽爽躺一個月就能亮麗出場。在中醫視病的角度，由內，我們需要將氣血消耗的部分加回來；由外，我們需要透過整復及訓練來恢復我們原有的健康結構。內外的調養修復缺一不可，這也正是中醫所擅長的整體觀、全人觀的照護。按照產婦身體需求給予相對應的處置，在醫學領域，審慎分辨、臨床觀察、邏輯分析，才能診好病、斷好病。不聳人聽聞，才是現代中醫師該有的素養。這樣論理清晰的好書，我推薦給同為醫療的同道們。

　　我們在診間常常聽到患者的抱怨：「我就是月子沒做好，難怪我現在如何痛如何難過。」接下來就是婆媳關係、罵老公的時間……那實際上坐月子到底是在坐什麼？怎麼坐？喝不喝生化湯？就類似像

喝冷水好？還是喝熱水好？的問題一樣；骨盆束帶、塑身衣到底有沒有用？醫療市場上的迷思與廣告陷阱如何突破？產後如何恢復容貌身材？產後如何恢復自信優雅？產後的中醫醫療介入有兩個目的，一是「緩解症狀」，一是「恢復健康」。這樣深入淺出的好書，我推薦給急需支援的媽媽們。

坐月子不是逆天改命！產後發生症狀的矯治，是我們身為醫者的價值！

柯莉文醫師與林蔚喬醫師不僅僅是在內科與傷科的診治上臨床功力深厚，在美顏針的造詣上亦是箇中翹楚，期待這兩本好書熱銷，以利人群！

推薦序

《一根吸管有氧治百病》作者、氧樂多牙醫診所、

國立陽明交通大學腦科學博士

趙哲暘 院長

　　身為一名長期關注齒顎矯正、顳顎關節與睡眠呼吸障礙診療的牙醫師，我深知「結構的穩定」與「功能的恢復」對健康全貌的影響。口腔上下顎骨的排列不僅牽動咬合與呼吸，更與顳顎關節和頸椎的穩定、以及頭頸甚至全身肌肉筋膜的張力密切相關。而這其中的關鍵往往與舌頭位置與咀嚼吞嚥發音等口顎功能異常相關，這會導致身體姿勢代償而出現惡性連動，造成身體自上而下的張力失衡與結構錯位。

　　臨床上我經常觀察到，當一側顳顎關節擠壓與關節頭吸收過度而導致下巴偏移時，頭部容易向該側偏移，進而造成同側肩膀上提與肌肉緊繃，伴隨相關的手臂痠麻與活動障礙症狀。而身體為了平衡這樣的上身偏移，常會發生對側骨盆的上抬與代償性的腰部疼痛，甚至影響腿部的活動與穩定性。這樣自口顎顏面結構一路延伸至骨盆與下肢的代償模式，是許多慢性疼痛患者反覆治療無效的根本原因。

因為都是在治療「結構失衡」的因緣下，林醫師與柯醫師特地從中部北上向我請教關於顳顎關節對於全身結構與張力的影響，非常開心能與不同領域的醫師有所交流與分享我的醫學體驗與體會，林醫師與柯醫師都是在年輕一輩非常具有學習熱情的醫師。

　　在閱讀兩位醫師的著作後，我發現兩位醫師在產後中醫調養的領域中，有著別於一般傳統月子的觀念與見解，這一定是經過非常大量的產婦專門門診後，才有的寶貴經驗總結，書中所闡述的「產後喬骨盆」，其實並非狹義的美容瘦身操作，而是關注整體結構回復與功能整合的醫療思維。從脊椎的生理曲線、骨盆傾斜的變異、肌力萎縮的代償，到上下交叉症候群與呼吸模式、睡眠品質的惡性循環，每一段都與我熟悉的功能矯正思路遙相呼應。而坐月子的內科調養部分更是彰顯中醫的獨特專業與不可取代性。

　　這不僅是一本談產後調理的書，更是一本身體覺察與自我復健的指南。當我們願意重新理解身體的動作模式、結構排列、功能協作與機能盛衰，我們便能跳脫「症狀即病因」的窠臼，找到真正恢復健康的鑰匙。

　　我相信，這本書不只是獻給每位產後的女性，更是送給所有身心困頓、渴望重整自我結構與功能的人們。感謝作者用淺白卻專業的語

言，把中醫的整體觀與現代醫學的功能觀交織成可實踐的調理路徑。身體的復原，不只是「把它喬回去」那麼簡單，而是「讓它重新動起來，回到它該有的位置與功能」。如果您願意相信這一點，本書會是您非常值得信賴的起點。

推薦序

中國醫藥大學附設醫院婦產科、
小樹醫師 陳柏廷 主治醫師

　　林醫師是我在大學的學長，桌球是我們共同的嗜好。雖然林醫師是學長，但他是大學才開始學習桌球。所以一開始球技並不如我（學長別打我）。不過他對桌球的熱情及認真，讓他最終進入校隊成為頂尖好手。這種「一開始輸也沒關係，持續努力終會超越」的精神，讓我從學生時代就對他充滿敬佩。

　　畢業之後，我們走上不同的醫療專業道路。我選擇成為婦產科醫師，而中西醫雙修的林醫師則是投入中醫並專注在產後照護領域。因為大學就讀中國醫藥學院，相較於一般的西醫師，我對中醫一直很有興趣，接受度也很高，大學時期曾因為頻繁練球造成一些運動傷害，在做了不少復健科的療程後，改善還是有限。後來嘗試中醫傷科整復治療，才明顯感受到好轉。直到現在因接生造成手腕疼痛的職業傷害，也都是以中醫整復搭配復健來治療。

成為臨床醫師之後，逐漸發現「中西醫互補合作」的機會其實不少。尤其是在產後照護這一塊，部分產婦會在產後出現明顯的腰痠背痛、骨盆前傾、走路困難以及諸多疑難雜症。這些症狀不是我們婦產科能處理的範疇，而轉介西醫復健科的健保治療，多以止痛、肌肉放鬆為主，對部分病人來說效果有限。這時，如果能有熟悉產後體質與骨盆構造的中醫師協助介入，其實是很好的資源延伸。

　　正因學生時期的結緣，進入臨床後我曾轉介過幾位困難處理的產婦給林醫師，這些產婦的情況包括產後走路疼痛、腰部無力或坐月子時無法抱小孩，他與太太柯醫師針對產後脊椎與骨盆結構調整，搭配中醫內科調理的治療模式，不只使產婦們疼痛減輕，整體的精神狀況也明顯改善，有些甚至從「走路會痛」改善到能「快樂抱小孩、出門散步」，大家的回饋反應都很好。

　　這本書的主題聚焦在「產後的全身關節調整與體質調理」，我認為不只是給中醫或醫療人員看的書，其實對婦產科醫師或剛生完孩子的媽媽們來說，也是一本非常有參考價值的實用手冊。林醫師與柯醫師把他們過去這幾年臨床的經驗系統整理下來，包括許多媽媽產後會碰到的常見問題與諸多疑難雜症，以及如何根據體質做出對應的中醫

調理。我自己翻過書稿，覺得比想像中更有條理，也更貼近臨床。不會過度神話某些療法，反而破除了許多傳統迷思，也不會一味批評西醫，而是把中醫在產後照護上能提供的角色，老實而穩健地表述出來。對我來說，這就是一位醫療人員最可貴的特質：不浮誇，且願意用自己的專業盡力幫助病人。在現在這個醫病資訊快速流動的時代，我覺得這樣的態度，比什麼都重要。

作為一位婦產科醫師，我很樂見更多像林蔚喬學長這樣的中醫師，願意主動了解產後女性的身心需求，與西醫師彼此信任、互相補位。未來在母嬰照護這條路上，我相信中西醫合作還有更多可以發揮的空間。也很高興能為這本書寫下推薦。祝福每位閱讀這本書的朋友，都能找到適合自己體質的調理方式。也祝福學長這本書能幫助更多在產後掙扎中的媽媽，走出疼痛、恢復身心、安心迎接新的育兒生活。

Memo

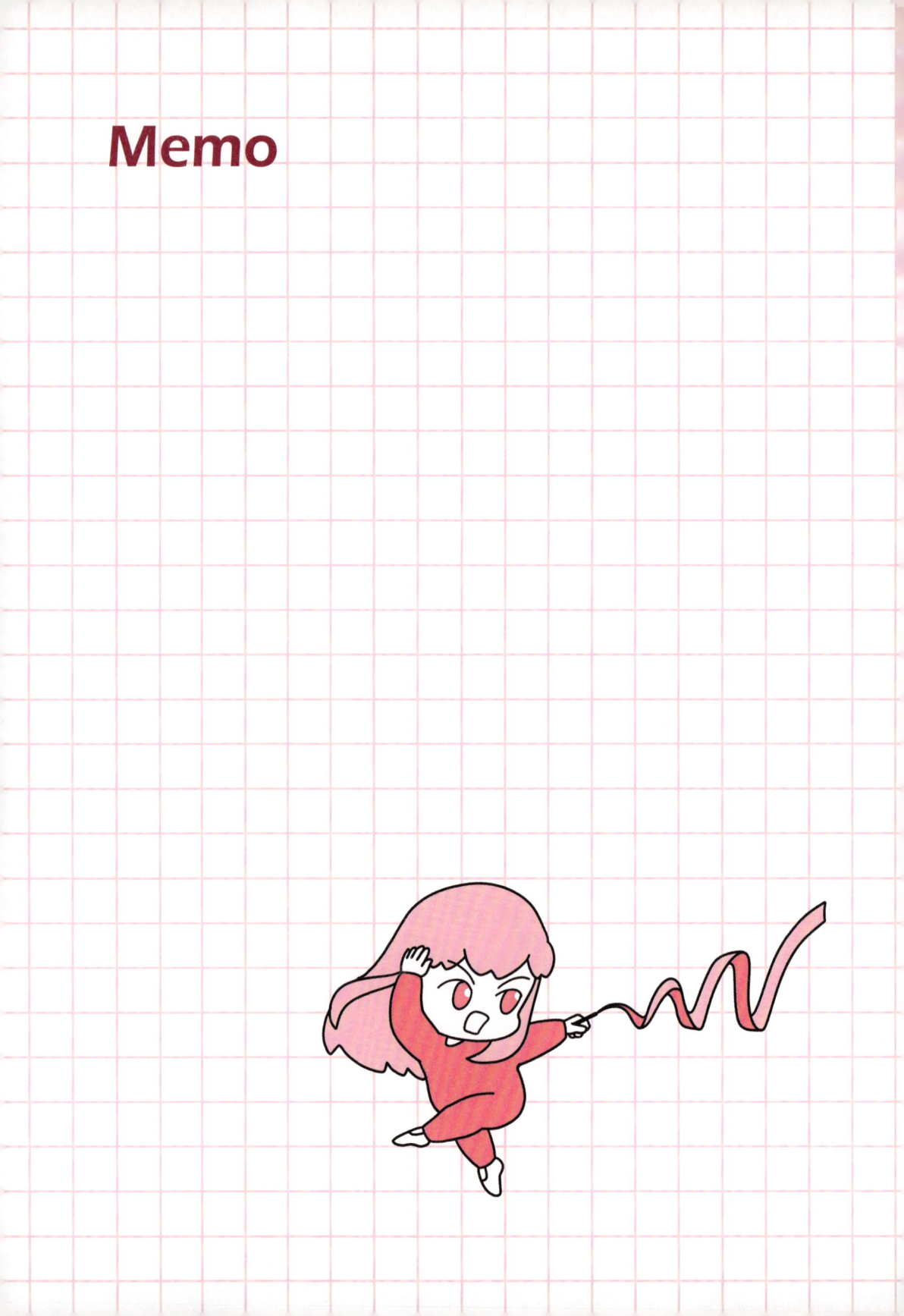

Chapter 1
孕前你就該知道的事

脊椎骨盆概論

認識骨盆

　　骨盆位於腰下臀區的結構範圍內，分別是由臀兩側的髖骨、臀後的薦骨與尾骨相連結構成。其中髖骨可再分為兩側的髂骨、前側的恥骨以及臀下的坐骨。薦骨是由5個薦椎融合而成。而尾骨是由3-5塊退化的尾椎融合而成。

　　薦椎與兩側髂骨連結的地方我們稱作薦髂關節，兩側恥骨接合的地方有一塊纖維軟骨（結締組織）我們稱作恥骨聯合。

　　骨盆是屬於我們的中軸骨，骨與骨之間的關節連接非常的緊密穩固，有穩固的核心肌群以及中軸骨架才能提供我們的身軀以及四肢有良好的活動及運動表現。骨盆的關節有非常緻密且強韌的結締組織相連結，這些結締組織包含了我們所熟知的韌帶與肌腱。

　　骨盆強壯且穩定的結構支撐著我們的膀胱、子宮、陰道和直腸，並輔助它們正常工作。

　　而女性與男性的骨盆形狀在先天上有所不同，因女性骨盆是胎兒成長及陰道娩出時必經的骨性產道，其大小、形狀對分娩有直接影響，所以**通常女性骨盆較男性骨盆寬而淺**，有利於胎兒成長及娩出。**但也正因骨盆較寬**，會導致膝蓋向內夾的角度變大（Q角），若是加上肌力不足或是過度肥胖，造成無法支撐膝關節，隨之而來的

孕前你就該知道的事 029

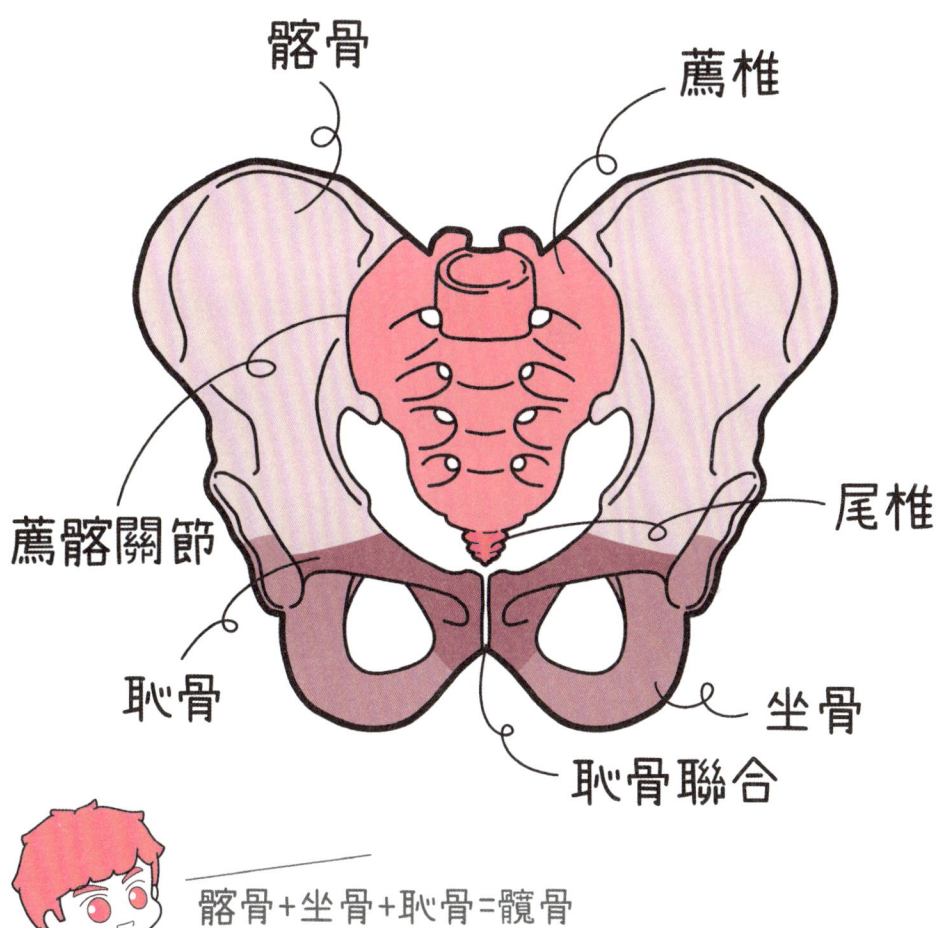

就是膝蓋疼痛與退化的問題逐漸衍生。

在產後的媽媽身上經過 10 個月的孕期變化，骨盆關節的穩定性下降了，關節與關節之間的不穩定造就了恥骨聯合疼痛、尾骨痛、薦髂關節疼痛等常見症狀。而**關節不穩定，在中醫正骨的觀念中容易產生旋轉錯位**，亦會導致相關肌群負荷量上升而產生腰臀痛及其他功能性的問題產生。

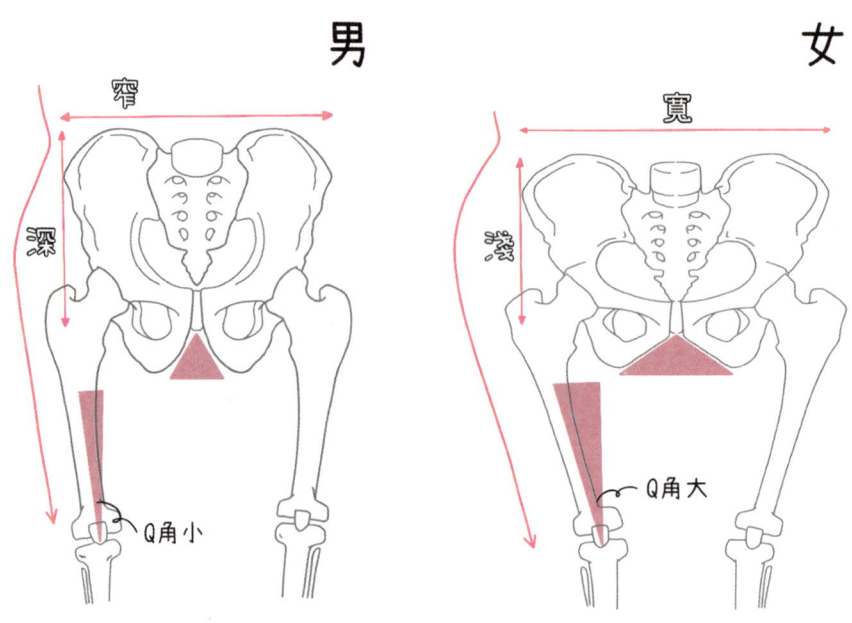

另外這邊值得一提的是，薦椎與尾椎是脊椎的向下延伸，但其位置又處於骨盆腔中，人體的結構錯綜複雜，有時候分類上會以較簡單的方式做區別分開討論，但其實每個關節與關節之間都是環環

相扣，牽一髮而動全身，這也是為什麼中醫一直以來都是以全人治療為出發，脊椎與骨盆甚至與四肢關節的關係其實密不可分。

骨盆歪斜勢必會影響脊椎，脊椎曲線相對來說也是時時牽動著我們的骨盆整體結構。

認識脊椎

人類的脊椎，也就是我們俗稱的「龍骨」，就好比船艦的「龍骨」功能一樣，是人體最重要的承重結構，是從頭貫穿到尾支撐著我們整體的骨架，脊椎由上到下分別由 7 塊頸椎、12 塊胸椎、5 塊腰椎、5 節融合成 1 塊的薦椎、還有一個退化後的尾椎組合而成，其中每一塊頸椎、胸椎，與腰椎之間都會有椎間盤所區隔。

椎間盤連接著相鄰兩個椎體，盤內富含彈性的膠狀物質，就像是氣墊或避震器一樣，可以緩衝脊柱的受力及衝擊以保護脊椎。

整條相連的脊椎中間會有一個中空的管道我們稱作「椎管」。椎管中容納著人體最重要的中樞神經系統，也就是我們的「脊髓」。脊髓會在每節脊椎的開口「椎間孔」穿出神經根，然後分布周身去控制我們的運動與感覺。**穩定的脊椎結構可以保護我們的脊髓與神經根不受壓迫而正常運行。**

椎間盤會因老化、外傷、長久姿勢不良、脊椎排列曲線改變等等各種原因造成過度的壓力後而形成椎間盤突出，突出至椎管或椎

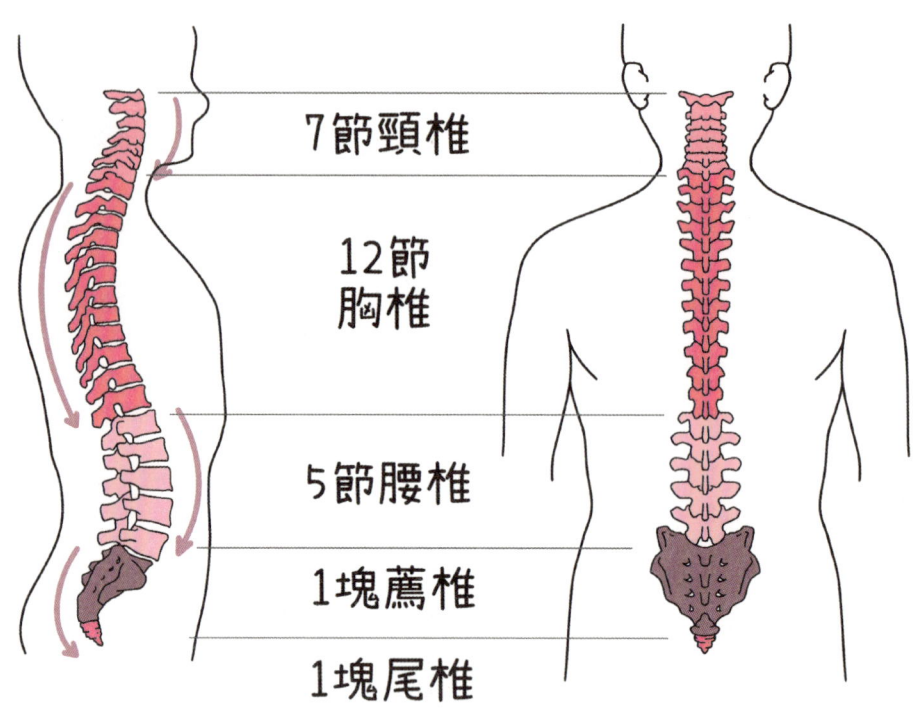

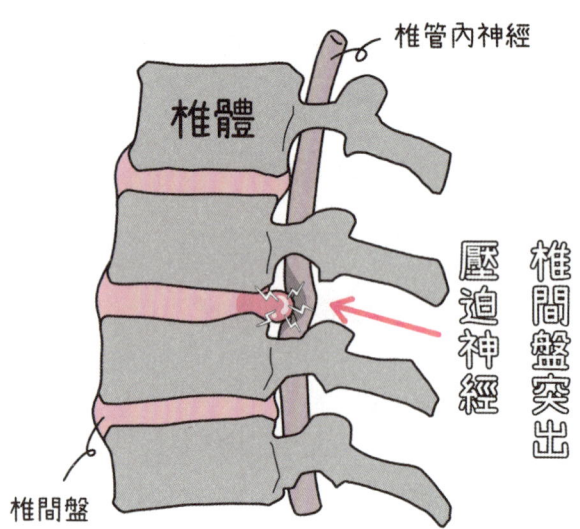

間孔，壓迫相鄰的脊髓或神經根導致各種疼痛及痠麻的症狀產生。而**最常發生椎間盤突出的地方是在我們的頸椎與腰椎中**，如果有手麻或腳麻的症狀就要特別注意了。

　　而脊椎排列曲線在孕期及產後會有相當大的改變，不穩定的結構，會讓肌肉負擔變得更大，進而產生各種疼痛與不適症狀。

鼎鼎大名的「鬆弛素」

相信許多媽咪對於「鬆弛素」這個名詞都略有所聞，正是因許多產後月子與身體修復的商品、課程或是廣告，都會以鬆弛素為出發來解釋孕期及產後的身體變化，那鬆弛素究竟是什麼呢？接著讓我們一探究竟！

懷孕生產的過程，為了讓胎兒可以順利在母體中成長，以及胎位轉向直到順利分娩從產道產出，母體需要額外製造更多更大的空間去

胎兒成長&胎位轉向

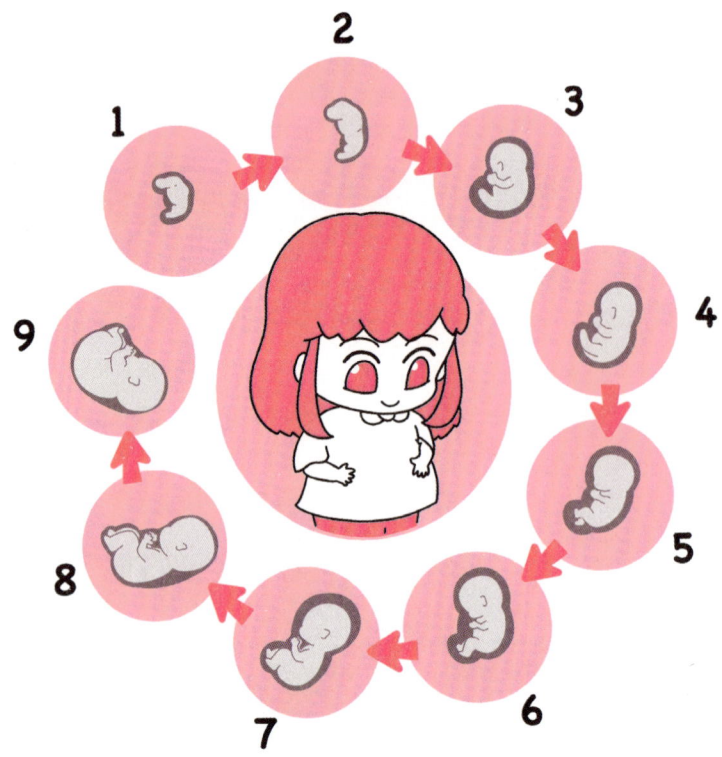

孕前你就該知道的事　035

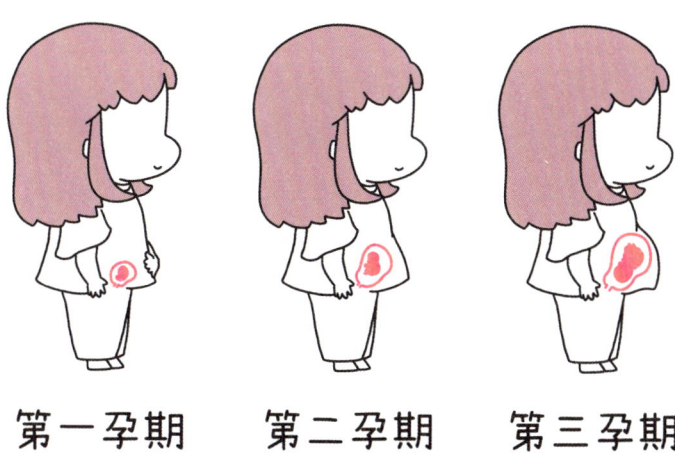

第一孕期　　第二孕期　　第三孕期

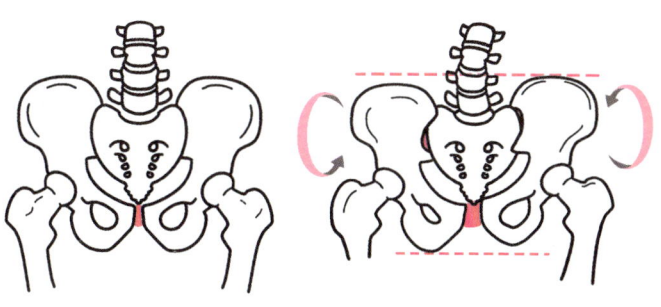

正常的骨盆　　鬆弛歪斜的骨盆

適應，因此在懷孕及生產的過程中，母體會分泌許多荷爾蒙，像是最廣為人知的「鬆弛素」，這些荷爾蒙協同「鬆弛素」作用在我們的結締組織上，可以降低韌帶、肌腱的拉伸強度，軟化子宮肌肉層，分離恥骨聯合，除了鬆化骨盆結構，甚至使得脊椎與四肢關節都變得鬆弛。

　　這樣的荷爾蒙變化使整個懷孕過程中，能讓骨盆、子宮頸和子宮可以慢慢地擴大，**使產婦能適應胎兒成長和分娩**，及減少胎兒骨折風

險，但相對就會導致骨盆等關節不穩定及肌肉負荷量上升的問題，進而引發各種疼痛。

而這些因鬆弛素作用而鬆掉的結締組織在產後恢復時間的研究資料上，顯示與鬆弛素分泌的濃度有關，鬆弛素的濃度一般在懷孕的前三個月開始增加，生產前後會分泌達到高峰值，而下降的時間平均是落在產後的半年左右，但其實這個數據只是平均而已，換句話說，有些人會更長，有些人會更短，與每個人的自身體質有很大的關係與差異，因人而異。而這邊值得一提的是，那些產後持續哺餵母乳的媽媽們，結締組織鬆弛的現象可能會持續延長直至斷奶後，這是因為哺乳時期，泌乳激素會抑制雌激素的製造，而缺乏雌激素會導致結締組織無法恢復原有的強韌度，延長關節的不穩定性。

關節鬆弛都是「鬆弛素」惹的禍？

在產後骨盆及關節整復的這個文化中，總是以鬆弛素這類荷爾蒙做為論點，用以當作產後關節鬆弛的主要依據，久而久之，各類廣告或是課程都將「鬆弛素」視為元凶，無疑是讓「鬆弛素」背了產後關節鬆弛最大的鍋。

但其實維持關節穩定度，除了會因「鬆弛素」導致韌帶鬆弛之外，「肌肉」也占有非常重要的腳色。強健的肌肉可穩定支撐肢體和軀幹，來維持姿勢和穩固保護關節進行各種動作。

孕期媽咪的活動量及運動量相較孕前通常都會下降非常多，而休息及臥床時間也相對會上升許多，有些媽媽在孕期孕吐嚴重，食不下嚥，肌肉所需要的蛋白質等營養素攝入不足，種種原因都會導致媽咪的整體肌肉量下滑萎縮，更不用說那些從頭安胎到生的媽媽們了。萎縮無力的肌肉無法提供有效的肌力去穩固關節，亦會導致關節鬆弛而容易錯位，進而也會產生各種疼痛與症狀。

孕期鬆弛素上升、肌肉量下降，共同導致了產後關節不穩定的結果，但坊間總是讓鬆弛素背了那最大的鍋，其實在龐大產婦治療的臨床經驗下，我認為**孕產婦整體肌肉量下滑才是關節變鬆弛的決定關鍵**。因為臨床上你會發現，很多一直都有健身運動習慣的女性，孕前肌肉量就相當豐沛，甚至孕期還是會有適度的肌力訓練活動，這一類的婦女，你會發現她整個孕程幾乎都沒有痠痛的問題，產後

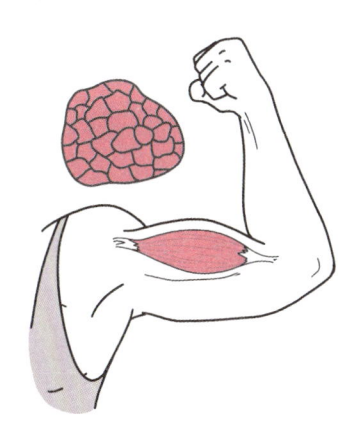

豐富的肌肉　　萎縮的肌肉

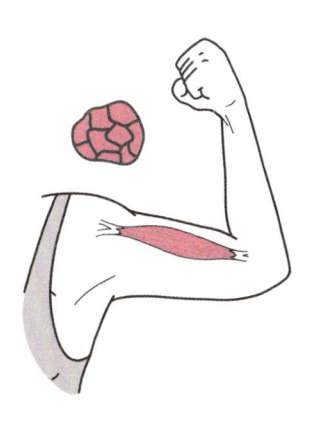

的體態改變也相對較小,進行正骨手法、關節鬆動復位時,也能感受到關節仍相對穩固,治療後也不容易復發,好似鬆弛素都沒帶來影響一般,可見肌力對於關節鬆弛的影響甚遠甚大。

在同樣有鬆弛素的影響之下,相對無運動習慣的婦女在產後肌肉萎縮更多,導致關節鬆弛,這些有健身運動習慣的婦女仍保有穩固的關節。可見這個鍋的比例,肌肉萎縮理應是要比鬆弛素要背得多。

所以產後很多產婦常常會被置入一個錯誤的觀念,就是一直在等待鬆弛素的影響消失後,想說關節的穩定度就會自我復原了,等待的結果確實可能會迎來韌帶的修復緊縮,但萎縮的肌肉不靠運動是喚不回的,再怎麼等待仍是被各種疼痛與症狀圍繞,10月懷胎所流失的肌肉,也並不是這麼輕易就能在短時間就訓練回來,但你不訓練,它就一定不會回來。

而萎縮的肌肉除了無法穩定關節,**你還會感到產後的肌肉使用上很快就疲乏了,更會因超荷的使用而產生各種腫脹發炎**。更現實的是如果產後肌力恢復的速度跟不上你懷中的寶寶迅速成長的體重,更多的身體負荷就會產生更多的傷,也就是我在門診中常講的當媽媽照顧小孩的職業病。

運動是最好的備孕方式

現代生產的年齡逐漸高齡化,高齡生產的問題讓中醫備孕開始

高容量
健康的電池

低容量
衰退的電池

成為了話題。備孕到底是為了什麼？撇除那些有實質不孕問題的婦女，有些人是怕自己不易受孕，怕自己要安胎，覺得自己太虛或是希望自己產後不要消耗太多、不要老化太快。

如果你還沒懷孕看到這裡，我想以很多產婦過來人的經驗告訴你，**最好的備孕方式就是運動**！備孕的目的不外乎就是希望可以順順的度過孕期，然後在產後仍希望自己保有好的健康狀態育兒成長。

在中醫的觀念中，我們能非常確定的就是充足的肌肉量是一個氣血充足的代表，豐富而有彈性的肌肉能儲存許多氣血供孕期產後的使用與消耗，亦能增加脊椎骨盆關節的穩定度，減少孕期產後的各種疼痛問題。

如果你要問運動與服用中藥備孕的差異在哪裡？答案是它們都

可以輔助補充氣血，但這些氣血始終要儲存到肌肉裡的，我常將身體的肌肉存量當作電池來比喻，運動可以逐漸加大身體電池容量並同時進行充電，而服用中藥調理一般來說還是以單純充電為主。

運動與服用中藥的共同好處是都有疏通並改善身體循環的效果。如果你真的很虛，電池很小顆，你再怎麼服用中藥充電也是一下就消耗完，雖然有服用還是總比沒服用好，至少就像個外接的行動電源在補充你的電力，但電力可能充不進你本身的電池裡，所以同時運動與服用中藥調理可能會是你最好的選擇。

多數人總是以吃中藥為首選，畢竟被動輕鬆又省時，取得來源簡單。運動什麼的，想到就累，流汗好麻煩，太陽好大，健身房好遠。但有多少產後疼痛纏身的媽媽們有多希望可以回到過去先把肌肉練好存起來放，早知如此，何必當初的概念。

又或許會有媽媽想說，那不然產後再開始運動就好了啊？確實，亡羊補牢，猶時未晚，但真的還是一句過來人的經驗，多數人生完小孩沒有充足的後援，這時候才發現自己懷孕前可以運動的時間有多充裕，且這類**肌肉過度萎縮的媽媽們除了產後需要強度更高與更多的運動時間修復身體，可能還要配合更多次的醫療介入**。當然站在醫生的角度，我還是建議各位婦女孕前產後都要維持運動習慣，缺一不可。

運動不但能增加氣血、改善循環、提升免疫力、減緩老化、還能穩固關節減少孕期產後疼痛，產後你會感謝孕前就有運動習慣的自己。

> 脊椎、骨盆與四肢關節在孕期中會因鬆弛素以及肌肉萎縮而鬆弛，進而造成各種疼痛無力的症狀，但比起鬆弛素對母體的影響，肌肉萎縮才是諸多症狀的主因，並且是可以自我掌控的因子，最好的備孕就是提前運動儲存肌肉，好的運動習慣比你吃藥打針求孕還有用，如果孕前就知道這些事而提早準備運動，那產後的疼痛與健康問題就可以少很多。

Memo

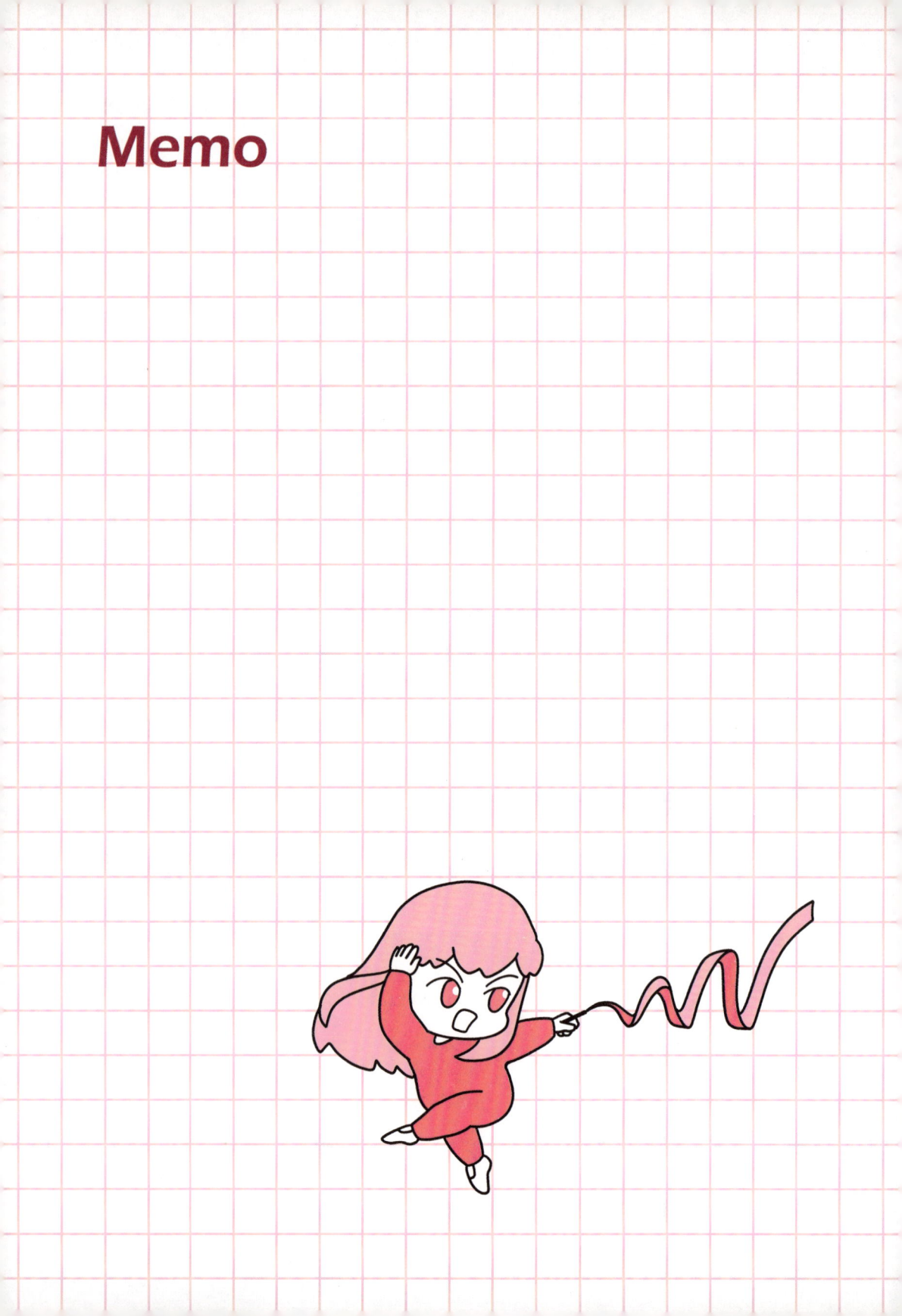

Chapter 2
孕期產後
身體結構的變化

很多媽媽會發現怎麼懷孕的過程與生完小孩後，自己的身形與體態產生了非常多的變化，感到全身關節鬆鬆的，並可能會伴隨各種疼痛。孕期產後身體結構的變化，要從脊椎生理曲線的變化開始談。

幼兒脊椎曲線發展過程

脊椎生理曲線，這裡是指從人的側面來看，整條脊椎從頸椎到尾椎所呈現的曲線，我們常用曲線來形容一個人的體態，一個正常的生理曲線，頸椎與腰椎的排列會是向身體前側前彎的曲線，而胸椎與薦椎、尾椎的整體排列會是一個向後凸、向後彎的曲線。

這是因為人類在發育發展的過程中，為了從爬行到能夠站立行走而發展出這些結構性變化，頸部的曲線在嬰兒開始爬行抬頭的時候逐漸發展而出，而腰部的曲線是為了接下來能挺起上半身從爬行到站立而產生。為了能在站立時將身體重心維持在中線位置，故脊椎曲線分別由前彎後凸的脊椎交錯排列而成。

孕期產後身體結構的變化　**045**

腰椎弧度正常　　腰椎弧度過大　　腰椎弧度消失

哦～

孕期脊椎曲線變化

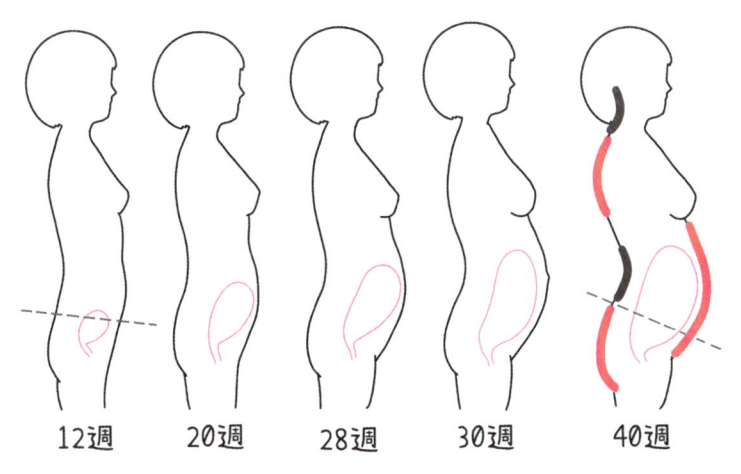

12週　　20週　　28週　　30週　　40週

而一個**正常的脊椎生理曲線不應該過彎、過凸或過直**，才能保有**每一節的椎間盤壓力能平均分擔來自體重與活動的壓力**，另一方面，一個好的脊椎生理曲線能更好的承受外在的衝擊力，保護椎體與椎間盤，較不容易導致受傷。

　　而許多婦女的脊椎生理曲線在孕期的過程中會產生相當大的變化，導致體態變形，這其中的緣由，首先由我們之前提過的，與孕期時鬆弛素上升以及肌肉量下降有關，因關節逐漸鬆弛，加上胎兒在母體的腹中逐漸長大，這個過程中，你會發現隨著媽媽的肚子越來越大的時候，**腰部的脊椎曲線會向前彎得更多**，這時候為了平衡腹部向前的重力，將身體的重心仍維持在中線的位置，**背部的胸椎曲線會代償性的向後凸出更多**，這些都是孕期可能會產生各種腰痠背痛的原因。

上半身-自律神經失調-
肩膀僵硬惹的禍

生產卸貨後，在懷胎十月期間所改變的脊椎生理曲線並不會馬上復原，上半身的胸椎曲線過度後凸、後彎的結果，我們又俗稱為駝背，而圓肩又常常會伴隨著駝背出現。

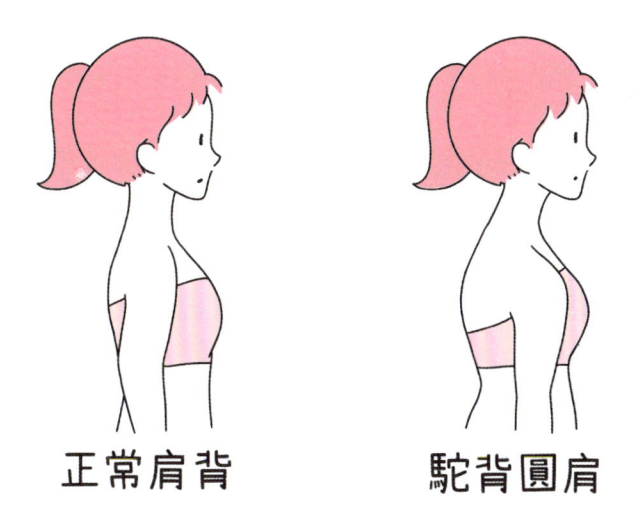

正常肩背　　　　駝背圓肩

「圓肩」指的是肩關節前移，超過身體中線，使肩膀看起來有圓弧形，故稱為圓肩。

孕期與產後，駝背、圓肩維持久了，你可以想像**背部的肌群一直處於被拉長無力的狀態**，時日久了，加上沒有運動去伸縮這些肌群，肌肉筋膜為了保護自己就會逐漸變硬失去彈性，就是我們醫學裡常講的纖維化、鈣化。

正常的肌肉有良好的收縮性與延展性，舉例來說，當我們要做一個下蹲而後跳躍的動作時，下蹲時期我們的小腿後側肌肉是處於延展狀態，而跳躍時期小腿後側肌肉便是處在一個收縮狀態，而我們的日常生活動作與運動，正是靠著全身體的肌群相互收縮與延展的協同作用之下完成的，換句話說，若是肌肉筋膜逐漸出現纖維化與鈣化的狀態時，就會降低我們的活動度與運動表現。

回過頭來說產婦的上半身，**在背部的肌肉筋膜逐漸變硬的過程中，肌肉更喪失原有的「收縮性」和「延展性」，肌肉束和肌肉束之間的筋膜因纖維化互相牽制、沾黏，導致活動度及循環變差，這都是許多媽媽會感到肩背痠痛僵硬的成因**，肌肉按壓的阻力感與疼痛感越來越強烈，整個肩膀背部逐漸呈現硬梆梆的狀態，肩膀甚至會越來越厚，初期可能揉揉按按、捏捏推推便會獲得緩解，但一段時間過後，可能會發現疼痛範圍擴散，但表層按壓的疼痛感已經消失了，必須再更深層的按壓才能找到痛點去緩解。背痛到深處，正如同成語病入膏肓一樣，代表肌肉筋膜硬化的問題越來越嚴重了。

當駝背與圓肩發生時，頸椎的曲線也可能為了代償而向前彎得更多，這時候就是俗稱的烏龜脖，長期的脊椎曲線不良會讓整顆頭的重量，壓在頸椎與胸椎交界處的軟組織上，過大的壓力會造成慢性發炎，增生較厚的軟組織，不知不覺頸部後面會突起一個腫包，也就是俗稱的「富貴包」！輕則引發疼痛，重則壓迫神經造成手麻

無力等神經學症狀。

在門診中，很常遇到一些被診斷自律神經失調的產後媽媽，一些綜合症狀諸如胸悶、頭痛、頭暈、耳鳴、失眠、疲勞、眼乾、喉嚨卡感、脹氣、胃酸、焦慮、憂鬱⋯等等。很自然的，這個綜合診斷可以完美的歸因給超出負荷的壓力，因過多壓力引發的自律神經失調，許多產後媽媽為人母後，責任變多了，時間變少了，諸多的產後育嬰生活壓力導致這些症狀逐漸發生，但實際上真的完全是變換身份後所帶來的生活壓力嗎？依照我龐大的產婦就診臨床經驗，並不全然，==臨床上你會發現有這些症狀的媽媽肩膀都很硬！絕大多數都是呈現產後駝背圓肩狀態的媽媽們==，如果把產後的肩頸僵硬當作是一個壓力源，那其實一樣可以完美解釋自律神經失調的症狀。

頭暈、頭痛、眼睛乾澀、耳鳴

在中醫的角度中，肩頸的肌肉筋膜如果非常僵硬，那氣血循環受阻無法榮養頭面甚至五官，就會造成頭暈、頭痛、眼睛乾澀、甚至耳鳴的狀況。

而肩頸過硬、頸部過度前伸、富貴包過大的媽媽們常常會無法好好正躺睡覺，覺得枕頭怎麼換怎麼擺就是躺起來不舒服，甚至要將枕頭墊得很高才會覺得比較適應自己已經過於前彎的頸椎曲線，在氣血因肩頸僵硬循環不良甚至受阻的狀態下，很容易躺一躺就可

能會需要不斷的翻身來改善久躺、身體壓太久所產生的麻痛感，這樣睡眠品質怎麼可能會好？失眠的後果就是接連串的疲勞、精神差、情緒也會受到影響。更糟糕的是，大家會在以往的失眠經驗中發現，睡不好，隔天起來會全身痠痛，身體會更僵硬。更僵硬就更睡不好，睡不好就更僵硬，這邊還沒提半夜要照顧幼兒或擠奶的環境干擾因素，這一個惡性的無限迴圈，在臨床上就是這樣屢見不鮮。

而要如何打破這個惡性循環？林醫師認為從改善肩頸的壓力著手是一個很好的突破口，能在有限的睡眠時間獲得良好的睡眠品質，進而慢慢脫離惡性循環讓身體逐漸能有自我修復的狀態。而在**幼兒還無法睡過夜的過渡期**，在家庭背景狀態許可下，或許分房輪流照顧也會是一個好的選擇。

胸悶氣短

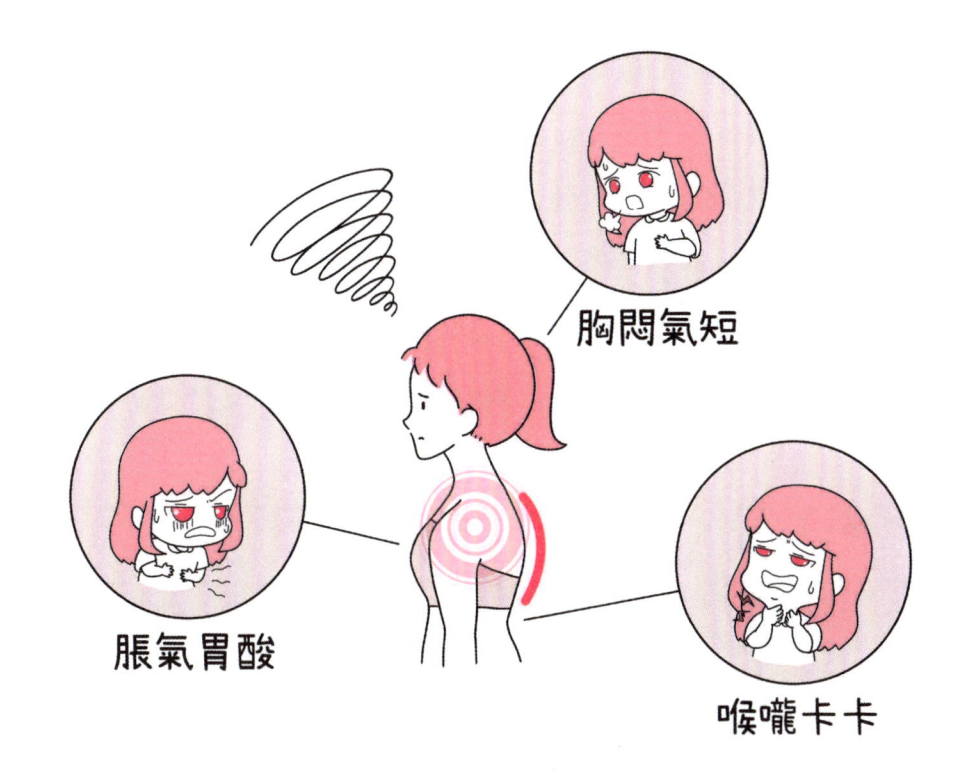

脹氣胃酸

喉嚨卡卡

胸悶、呼吸不順，喉嚨卡卡，胃酸，消化不良

很多媽媽在產後常感到胸悶、呼吸不順，喉嚨好像卡了個東西，好像時不時得做個深呼吸，才不會有缺氧的感覺。有些人一連做了一些心臟、血液、胸腔影像的檢查，但還是找不到問題點，最後因為一切生理功能顯示正常，就被當成心理問題，被解讀為產後情緒緊張，壓力過大，以服用身心科藥物來處理。

這一類的自律神經失調問題，中醫也有自己的解讀與治療方式，其實也跟肩頸僵硬與駝背脫不了關係，因為胸椎排列曲線的弧度過

度後凸、後彎，也就是嚴重的駝背與圓肩，**胸口正面的肌群就會相對維持在緊縮的狀態**，前方緊縮的肌群讓肋骨擴張能力受到限制，肺葉在吸氣時擴張阻力相對就會上升，呼吸系統受到壓力，因此就產生了胸悶、呼吸不順等症狀，而橫膈膜與消化系統受到壓力，就產生了脹氣、胃酸等常見的消化不良症狀。

胃酸問題有時候躺下會逆流更嚴重，導致睡眠又更受影響，又是一個加重失眠的惡性循環因子。

惡性循環下，常常深呼吸就慢慢變成常常唉聲嘆氣，這些症狀也成了產後憂鬱的惡性循環因子啊。

下半身-骨盆角度變化的影響

　　懷胎十月的過程中，因關節逐漸鬆弛，加上胎兒在母體的腹中逐漸長大，你會發現隨著媽媽的肚子越來越大的時候，腰部的脊椎曲線會向前彎得更多，而當腰椎曲線的弧度向前彎時，「骨盆前傾」的角度也會相對加大許多，而**骨盆前傾通常會伴隨雙側髖關節內的大腿骨（股骨）向內旋轉而產生產後非常常見的「假胯寬」**。

骨盆前傾

　　這邊我們先來提一下什麼是「骨盆前傾」，其實正常的人體脊椎骨盆生理曲線，骨盆本來就是稍微向前傾斜的，一般醫師或患者口中的骨盆前傾其實都是在指「骨盆過度前傾」，這都是久而久之習慣的口語化形容，而既然有骨盆前傾，也就會有骨盆後傾的相對問題，但**不論是骨盆前傾或是骨盆後傾，都會讓腰椎下段的負荷加重，而容易逐漸導致腰酸痛的問題**，更甚者腰椎擠壓退化可能還會造成椎間盤突出。

　　骨盆傾斜的角度在臨床上正確的量法，應該是從骨盆上找出 ASIS 髂前上棘與 PSIS 髂後上棘，這兩個名稱都是體表解剖的重要標誌，簡單來說 ASIS 與 PSIS 分別是髂骨在身體前與後的骨性突起的頂端。而當我們身體處於一個自然站立姿勢下，髂前上棘與髂後

PSIS　ASIS　6°–15°

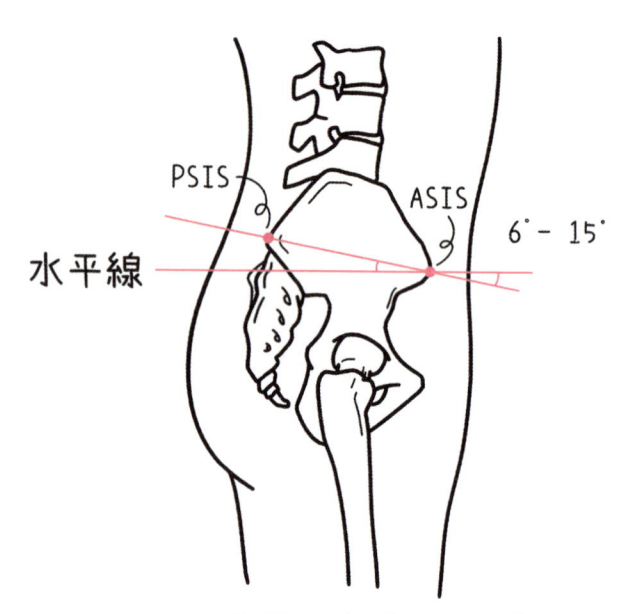

水平線

正常骨盆傾斜的角度

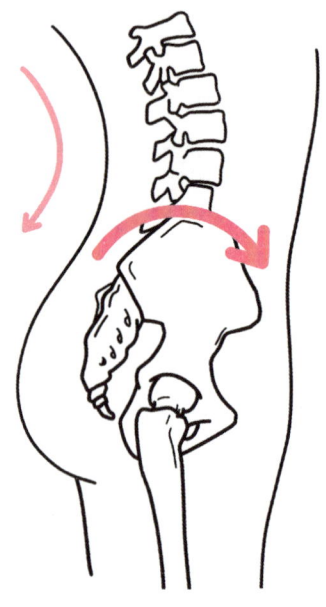

骨盆前傾
腰椎過凹

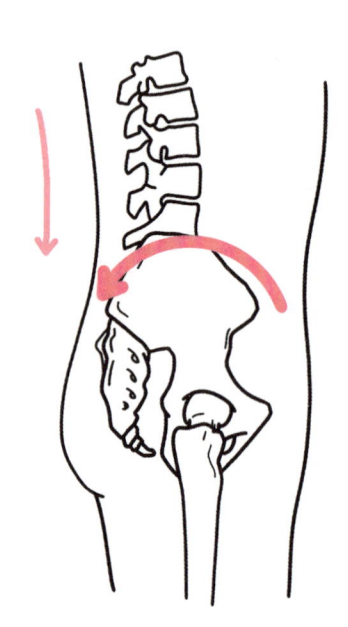

骨盆後傾
腰椎過直

上棘的連線與水平線的交角，就是我們所謂的骨盆傾斜角度。

　　一般來說，骨盆傾斜的正常角度是介於在 6-15 度之間，而這個區間的度數會因性別、種族等因素有所些微差異，如果說角度大於 15 度我們稱為「骨盆過度前傾」，反過來說小於 6 度我們就稱為「骨盆後傾」，但臨床上我們抓的應該是那些過份前傾或是過度後傾的個案，數字僅供參考，更重要的是不是有症狀？需不需要透過治療配合復健去改善。

如何自我判斷為骨盆前傾

　　骨盆過度前傾常常伴隨著腰椎曲線的弧度過度向前彎，所以其實我一般在臨床上會先觸診患者腰部曲線的凹陷度，去判斷骨盆傾斜的角度是不是超出正常角度，最家常的自我測試方式其實就是貼牆站立時，去摸摸看自己的腰與牆壁多出來的空隙是否大於一顆拳頭，在臨床上最多的主訴症狀是，常常會覺得無法好好正躺，因為正躺時會覺得腰無法貼床，有嚴重的懸空感以及腰部出力無法放鬆的感覺，或是習慣在正躺時膝下塞枕頭才會覺得比較好睡，這是因為屈膝可以改變骨盆傾斜角度讓腰能比較貼床獲得放鬆的感覺。

正常　　　前傾　　　後傾

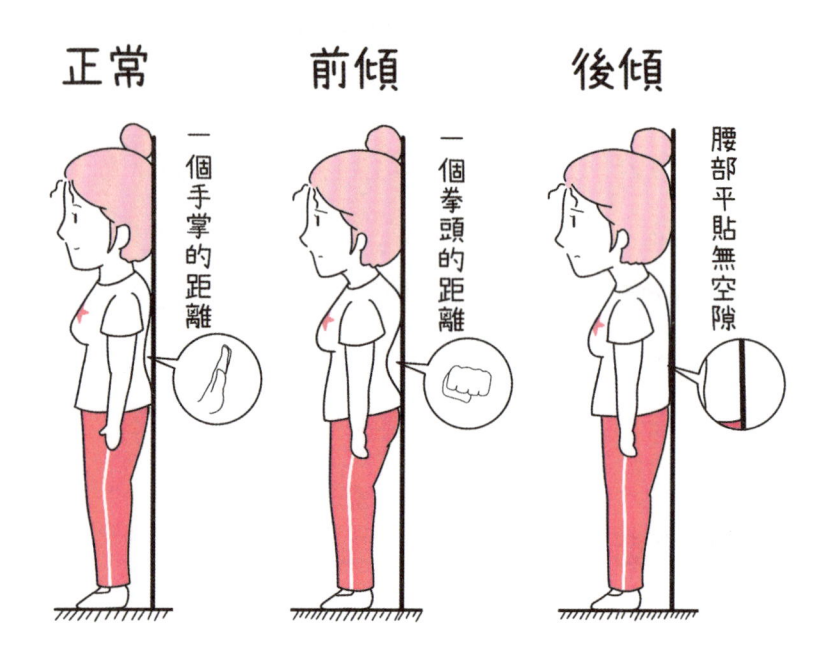

一個手掌的距離　　一個拳頭的距離　　腰部平貼無空隙

骨盆後傾

　　大概會有超過一半以上的產婦，產後因脊椎生理曲線改變的原因導致骨盆過度前傾，但有少部分的人產後是呈現骨盆後傾的狀態，當骨盆傾斜的角度過小時我們稱之為「骨盆後傾」，「骨盆後傾」常常伴隨弧度過直甚至反弓後凸的腰椎生理曲線出現，而這些骨盆後傾的媽媽其實大概在懷孕前就是屬於嚴重骨盆後傾的人了，骨盆後傾臨床上最常見的原因就是姿勢不良，例如坐沙發、坐椅子習慣坐一半就後靠，或是喜歡在床上半躺半坐的人，在腰部無任何支撐的狀態下，逐漸地腰部的弧度就會慢慢變直甚至向後落陷而導致後凸、反

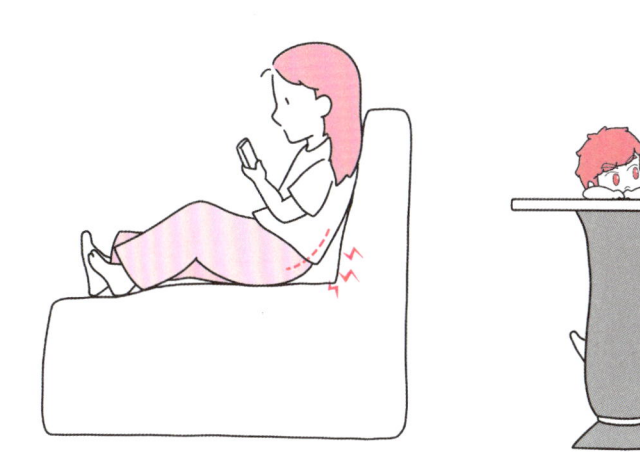

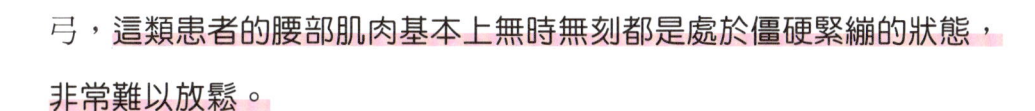

弓，這類患者的腰部肌肉基本上無時無刻都是處於僵硬緊繃的狀態，非常難以放鬆。

小知識：歐美臀還是骨盆前傾？

很多愛美的女性有時候會很羨慕歐美國家女性的豐臀，簡稱歐美臀，也是我們常常渴望的翹臀，但說實在的歐美國家的女性因種族與環境的不同，臀部的肌肉與脂肪的比例與東方人也有所不同，一般來說較為豐滿，當然跟鍛鍊也非常有關係，但東方人在沒有適當的鍛鍊下，卻有翹臀的感覺，那你必須好好審視會不會是骨盆過度前傾導致的假象，最簡單的自我檢測方法就是找一面牆貼牆站立，當背與臀貼牆時，如果腰窩呈現懸空的空間超出一顆拳頭，那你可能就是有骨盆過度前傾的問題，千萬不要不自覺還沾沾自喜喔！

歐美蜜桃臀　　骨盆前傾

假胯寬

前面有提到骨盆前傾通常會伴隨雙側髖關節內的大腿骨（股骨）向內旋轉而產生產後非常常見的「假胯寬」。

真胯與假胯

「假胯寬」其實不是醫學名詞，比較屬於民間用語，正常的骨盆區最寬的地方應該是在髂骨（胯骨）兩側上方，亦即是骨盆兩側最高點，稱之為「真胯」，自此以下就會是修長的大腿。

但是你會發現許多女生在「真胯」的下方會有第二個相對膨出的結構，也就是在「大腿根部」髖關節處，讓你的屁股位置看起來更低，身材也變成五五身，大腿的比例看起來就會像硬是少了一截，

而這異常的凸出點並不是原本「真胯」該有的位置，故稱作「假胯」。

而這裡值得一提的是，坊間常常認為只要是「假胯」的寬度大於「真胯」就會被稱作為「假胯寬」，但實際上你會發現**臨床上其實不少女性「假胯」的寬度都是稍大於「真胯」**的，這純粹只是因為前面提過的，女性的骨盆相較男性骨盆寬而淺，骨盆較寬的狀態下會導致髖關節至膝關節與地面垂直線的交角變大，所以有些女性的「假胯」（髖關節處）才會看起來稍大於「真胯」，但這樣的狀態在豐滿的臀肌與無過多的脂肪堆積下，大腿還是會看起來是平整修長的。

真胯

假胯

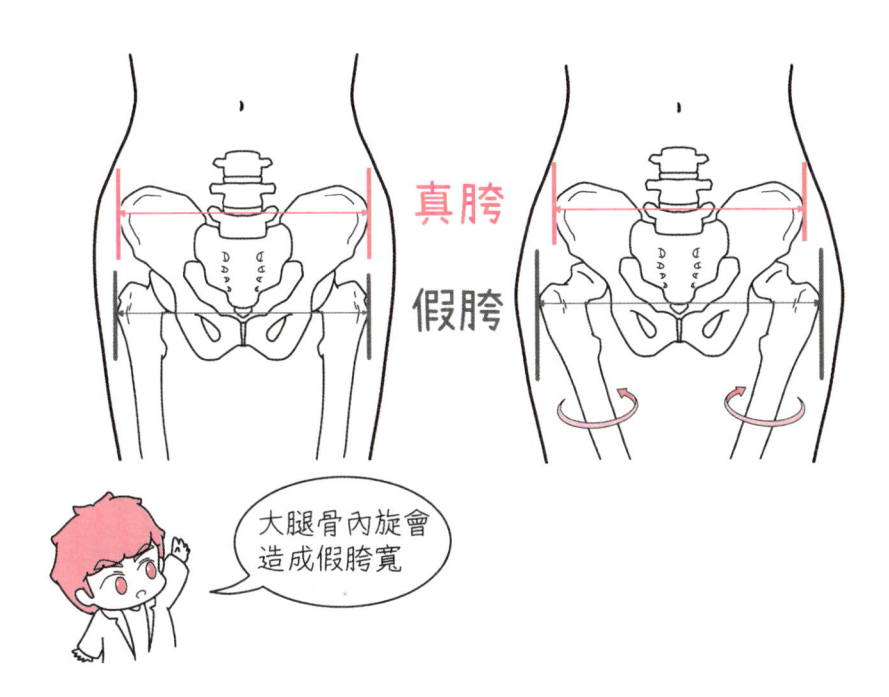

大腿骨內旋會造成假胯寬

而那些「假胯」寬度明顯大於「真胯」的患者其實才是我們臨床上真正需要調整處理的「假胯寬」。

「假胯寬」成因

「假胯寬」其實並非產後女性獨有的結構問題，有一些無懷孕生產經驗的女性也可能會有假胯寬的問題，而在男性身上較少發生，其原因是因為男女先天的結構上，女性的骨盆為了生產故較男性的骨盆來得寬，所以兩側髖關節至膝關節與地面垂直線的交角也相對來得大，而且女性先天的肌肉量就較男性少，所以當長期姿勢不良、喜愛翹腳或是運動不足時，髖關節內旋的肌群逐漸緊繃，而髖關節外旋的肌群較無力時，就會導致髖關節逐漸向內旋轉，而髖關節中的股骨向內旋的結果，股骨上的一個骨性特別突起的構造（大轉子）就會被翻到大腿根部的最外側，在正常直立站姿時，大腿根部、口袋兩旁就會明顯摸到凸凸的骨頭（大轉子骨性凸出），我們就稱之為「假胯寬」。

這邊值得一提的地方是，「假胯寬」雖非產後女性獨有，但產後女性有假胯寬的比例相對是比較高的。這是因為這些媽媽在孕期腰椎曲線的弧度會逐漸前彎，造成骨盆過度前傾合併假胯寬出現，與前面所提的綜合因素下，產後女性因懷孕生產而導致假胯寬成形的比例就會相對一般女性高出非常多，這也是為什麼許多媽媽在產

後對於產後喬骨盆的調理趨之若鶩的原因，但反過來說，並不是所有的產婦們都會有假胯寬的問題，甚至有些產婦的假胯寬可能只有單邊輕微凸出或是單邊嚴重凸出的情況發生。

下交叉症候群

孕期產後腰椎曲線的弧度過度向前彎導致骨盆過度前傾的這個狀態，在醫學上我們又稱作「下交叉症候群」，之所以稱作下交叉的原因，是因為在骨盆過度前傾的這個結構狀態下，軀幹下半部緊繃與無力肌群的連線剛好互相交叉，臀部肌群與腹部肌群失去原有的張力，而腰部肌群與髂腰肌代償縮短緊繃，這樣失衡的拮抗肌群所造成的力矩向量結果就是骨盆過度前傾。

而產婦常會處在「下交叉症候群」的原因是因為孕期腹肌因懷胎逐漸鬆弛萎縮，臀部肌群因懷孕休息較多，久坐久躺的狀態下亦會逐漸痿軟無力。當腰部及下半身關節長期受力不均勻，就會帶來腰部肌肉緊張、腰椎壓力過大，進而產生腰痛、下背痛等症狀，更甚者會增加雙腿膝蓋內側的壓力進而逐漸增加膝蓋疼痛及退化的風險。

所以在了解「下交叉症候群」的交叉肌群的狀態後，為了將骨盆反向轉回正常的傾斜角度，我們應該要想辦法放鬆緊繃縮短的腰部肌群與髂腰肌，以及重新訓練啟動無力的腹部與臀部肌群，才能逆

下交叉症候群

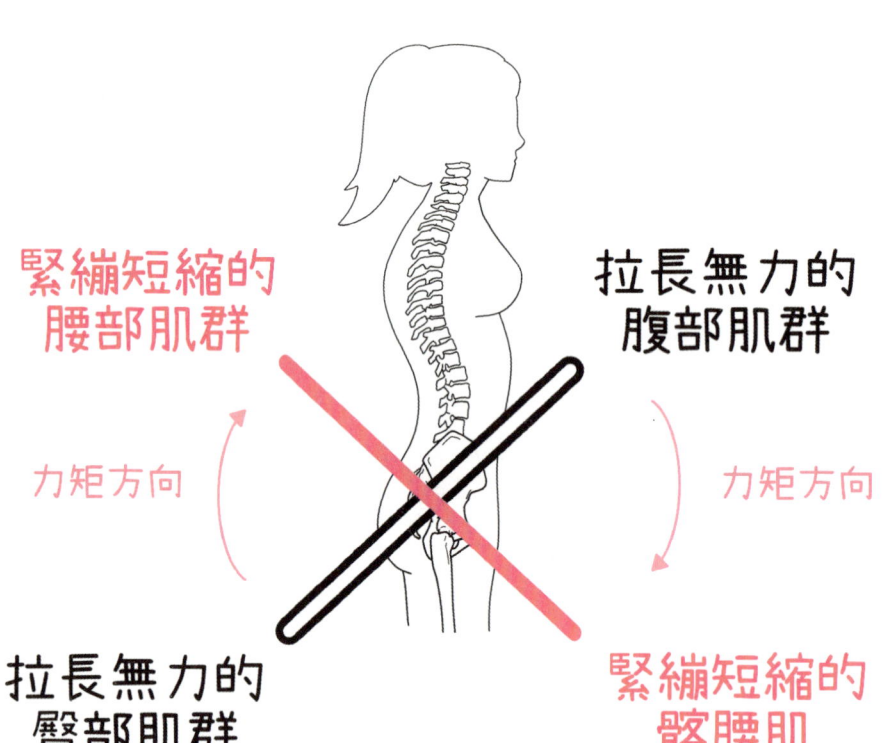

緊繃短縮的
腰部肌群

拉長無力的
腹部肌群

力矩方向

力矩方向

拉長無力的
臀部肌群

緊繃短縮的
髂腰肌

轉力矩向量恢復成健康的骨盆傾斜角度。

產後的復健運動其實坊間與網路上的介紹琳瑯滿目，在我的門診衛教中發現，越容易越簡單的指令，才更適合這些產後手忙腳亂的媽媽們，過於複雜跟艱難的復健動作，很多媽媽光是想到要去理解跟模仿學習就先望而卻步了，且在懷胎十月的肌肉流失下，強度太高的復健運動對一些原本就沒有運動習慣的媽媽們相對難執行或者是持之以恆。

所以一般在臨床上，我最推薦產婦去改善骨盆過度前傾也就是下交叉症候群的復健運動，第一個是基礎捲腹，可以把它想像成半個仰臥起坐的概念，**透過基礎捲腹來啟動腹部肌群，除了可以增強腹肌改善骨盆前傾的問題，腹肌的訓練也能改善產後腹直肌分離與恥骨疼痛的問題。**

抱胸基礎捲腹

臀橋式

至於臀部肌群的訓練，我在臨床上一般**推薦產婦執行臀橋式與蚌殼式，透過簡單的臀部訓練**，亦可以改善無力的臀肌所造成臀腿痠痛的問題。

蚌殼式

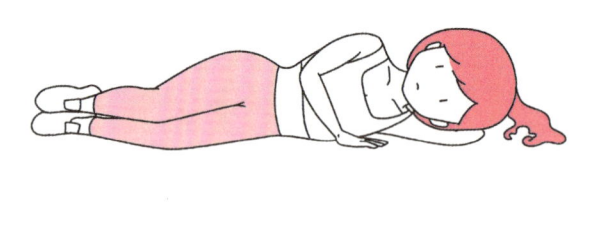

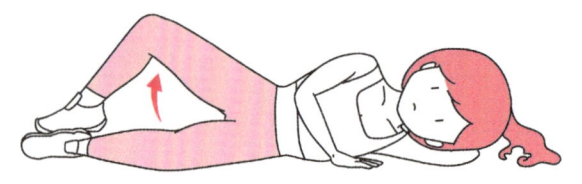

伸展放鬆的部分，腰背部的肌群一般建議可以執行嬰兒式去伸展縮短的腰部肌群。

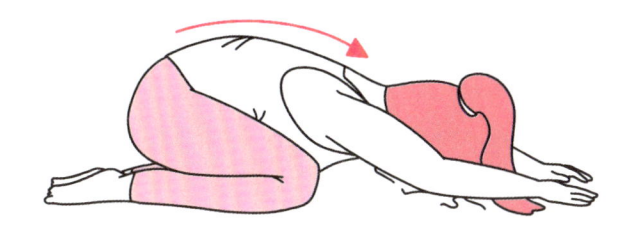

嬰兒式伸展腰背部肌群

拉筋伸展訓練機

髂腰肌緊繃的狀態我們可以利用單膝跪姿弓步伸展，去慢慢延長舒展，除了有利於骨盆傾斜角度的回正，對於那些產後鼠蹊部疼痛的媽媽們，此復健運動也會有相當大的幫助喔！

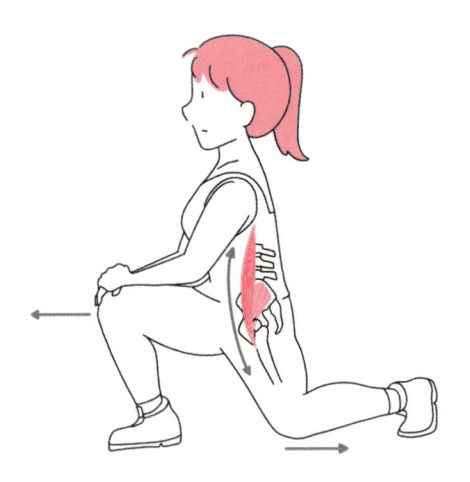

單膝跪姿弓步伸展髂腰肌

拉筋伸展訓練機

拉伸強度如果要再高一點的話可以去健身房找專業拉筋伸展訓練機，能更有效的利用體重去拉開腰部以及鼠蹊部的肌群。

> 　　隨著孕婦腹中的胎兒越大，孕婦的身形也會逐漸的變形，在產後育嬰的日子若是沒有調整回來，可能就會逐漸加重這樣的身形並定型，產生上半身的圓肩與駝背，下半身的骨盆前傾與假胯寬，這樣不良的體態會衍生出許多讓人誤以為是自律神經失調的問題，很多睡眠差最後需要長期服用安眠藥的患者，其實在他早期肩背開始硬化的時機就該介入了，讓產婦恢復一個放鬆柔軟有彈性的身體才是最好的治療方法。

Memo

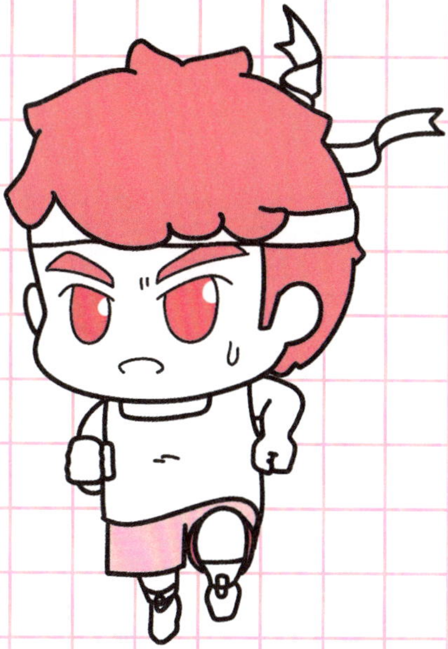

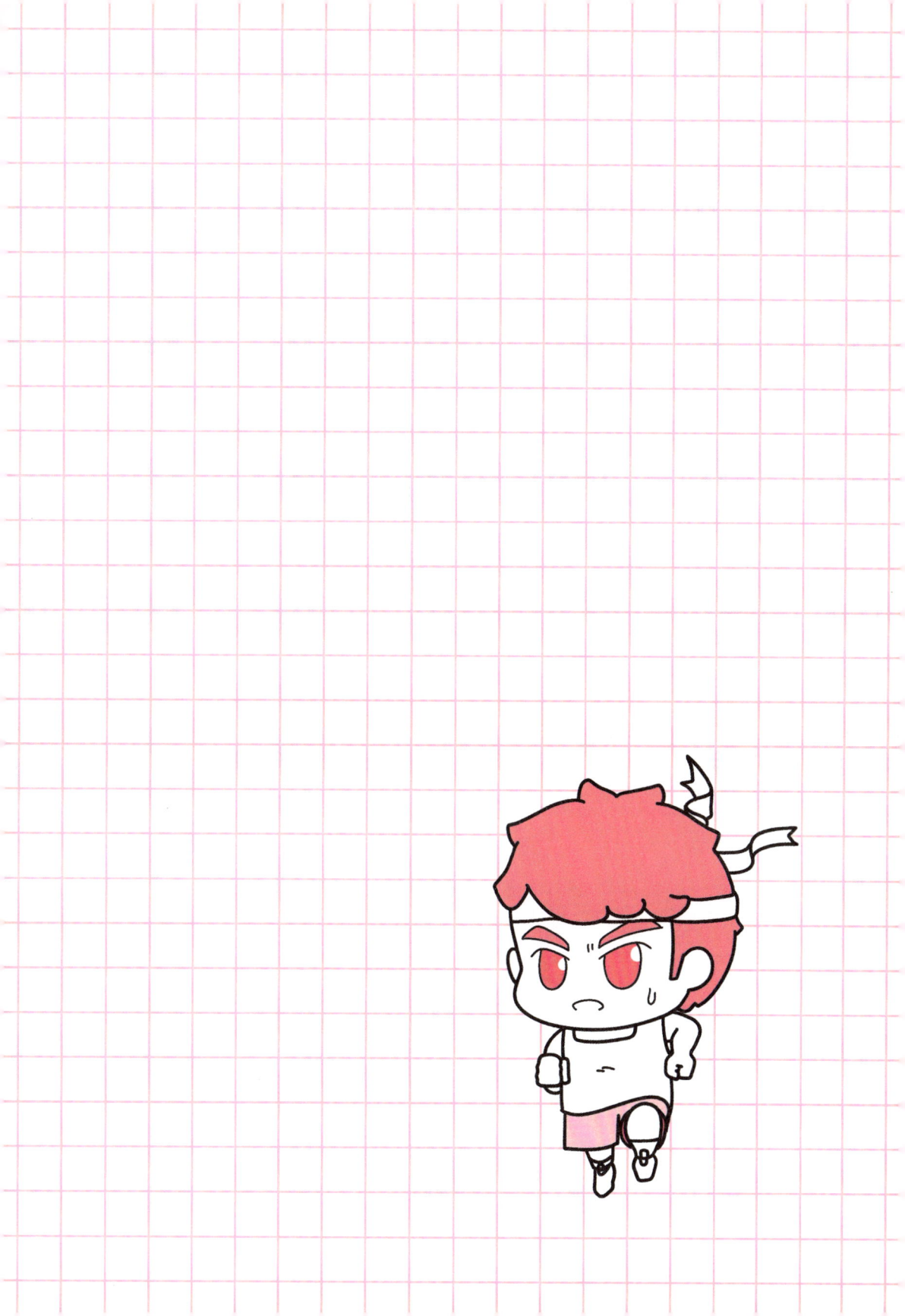

Memo

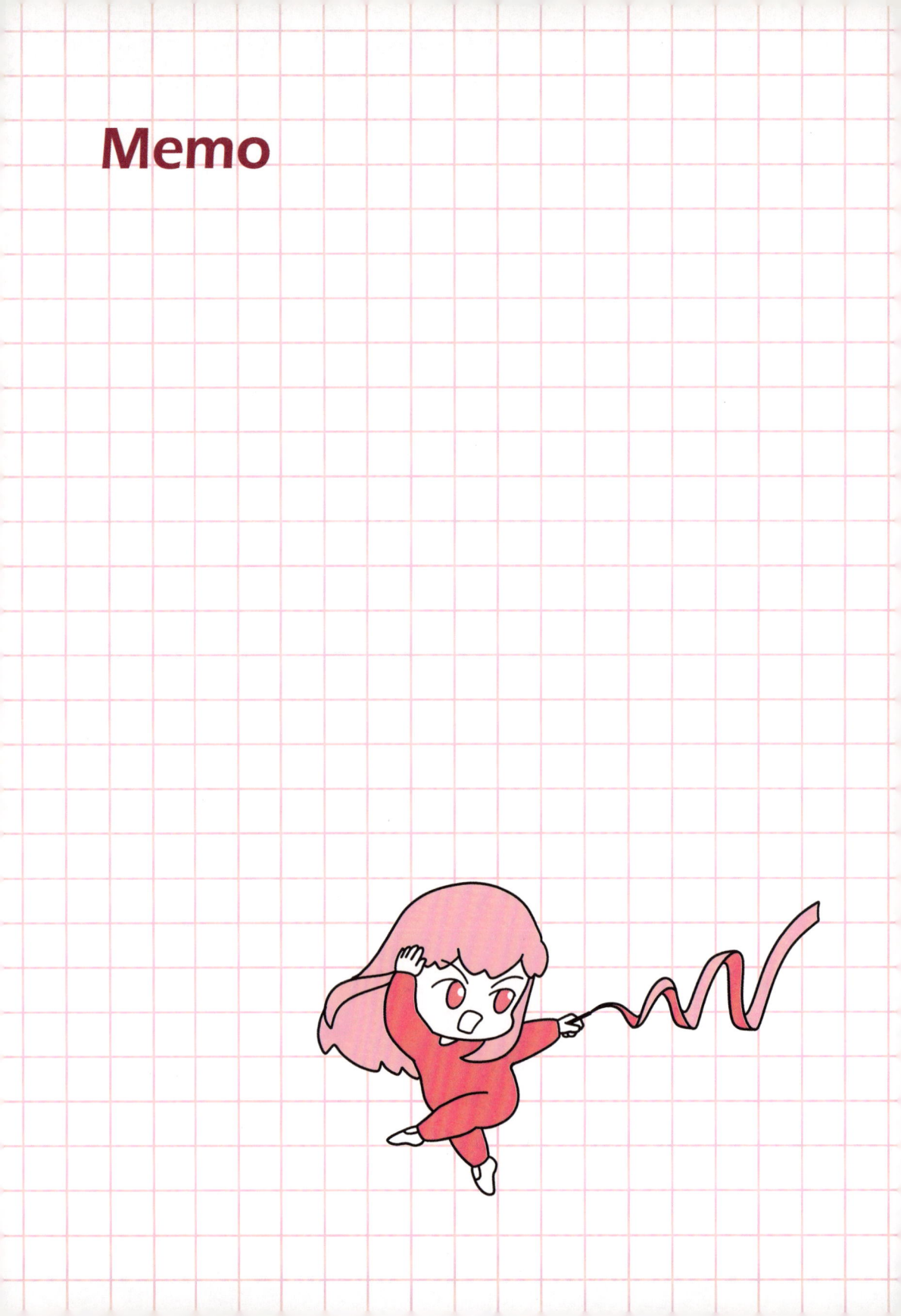

Chapter 3
中醫針傷科的拿手絕活

趨之若鶩的產後喬骨盆

愛美是女人的天性，正因為前述的假胯寬在產後的婦女上非常容易發生，許多產後媽咪在產後常會覺得骨盆兩側、大腿根部的地方變寬變凸了，怎麼好像懷孕前的褲子都穿不上了，因為假胯寬的關係，屁股位置看起來更低，身材也變成五五身，大腿的比例看起來像硬是少了一截，於是「產後喬骨盆」便開始蔚為風潮。

狹義的產後喬骨盆

在了解產後假胯寬的成因過後，其實一般來說，民間的產後喬骨盆，其目的就是要將因大腿骨內旋而造成的大轉子骨性突出結構給轉回去、隱藏起來，以白話文來說，就是**將你的不正常凸出的假胯寬塞回去，讓大腿根部的結構變得相對平整，褲子可能就因此可以穿得上去了。**

所以這些結構調理者，會運用各種方式，像是「擠、壓、旋、繞」等等的手法，試圖整復髖關節，當這個市場越來越盛行之後，百家爭鳴，更多花招逐漸演變新增，像是運用拮抗手法讓產婦自己靠自己的肌肉主動收縮將假胯寬矯正拉回、淋巴按摩油壓產婦臀腿筋膜、運用美式整脊的頓落技術頓壓骨盆結構、利用正骨錘去錘打產婦的骨盆關節、仿泰式按摩去踩踏或是膝頂產婦的骨盆關節等等，真的是花招百

出，族繁不及備載。

但在了解假胯寬的成因後，你會很清楚地發現**有些手法是明確有效的，而有些花俏的招式，它就只是單純冠上產後喬骨盆的名義，但實質上對於假胯寬是沒有任何幫助的**，但夠花俏可能就有賣點，甚至有些業者就只是將全身指壓按摩包裝成產後喬骨盆的套餐販售，單純在骨盆區調理時做個下壓的動作而已。但在民眾缺乏知識與在對產後假胯寬的成因及原理不明的狀態下，盲目跟風，就可能落入無效調理的陷阱中。無效調理就算了，更怕的是整復調理後受傷，真的就是得不償失了。

臨床上遇到許多產婦有很多不好的經驗，去喬骨盆的過程中劇痛無比，被師傅壓在地上拉腿踩踏的、拿榔頭墊著一塊鈍錐子敲的，被調理施術後反而產生更多腰臀痛或是關節障礙。曾經還遇過一位產婦說外面的師傅說要幫她把骨盆縮到最小，被暴力壓完骨盆後，從此陰道處就開始有很嚴重的異物感。

產後假胯寬的調理手法就只是讓髖關節中的大腿骨轉回去復位而已，所謂「縮骨盆」的民間用語其實也都只是在講調整假胯寬這件事。**在沒有專業說明之下，真的一票人會認為或是被誤導：「產後骨盆會因為鬆弛素變鬆鬆的」，所以骨盆會變鬆、變開、變大，屁股看起來就會變大，褲子才會因此穿不上去。**

所以有些調理業者就會自己發明一些看起來好像在縮骨盆的下壓式或敲打式的安慰劑手法，看起來真的煞有其事又理所當然，但

你仔細想想，就算骨盆真的是因為鬆弛素鬆開了或是變寬變大，你就算再怎麼壓，韌帶並不會因為被你向內擠壓後而變緊縮，唯有經過時間的推移，韌帶逐漸緊實了，肌肉量也慢慢提升了，骨盆才會恢復原來緊密的狀態！

產後塑身衣的迷思

產後的塑身衣相關問題一樣也是這個道理，包得緊緊的並不會縮短鬆弛素影響韌帶的時間，也無法矯正脊椎骨盆的結構，因為脊椎骨盆的結構是 3D 立體且帶有旋轉的，如果說塑身衣可以矯正脊椎骨盆的結構，那所有腰臀痛的人都穿塑身衣就可以改善結構問題了。腹直肌分離也不是包著就會縮小的，包緊緊只是讓你在穿塑身衣的當下看起來體態相對苗條。

至於內臟移位，也都只是廣告的噱頭，醫學上並沒有產後內臟移位的相關說法，更何況如果產後會內臟移位，那塑身衣不就最好穿一輩子？不然一脫下來就又內臟移位了，然後馬上再穿上去內臟又復位了，從來沒穿塑身衣的那些人內臟都出問題了嗎，臨床上顯然是沒看過這樣的患者。塑身衣可能最大的用處就是因為包太緊，會導致食慾不佳而變瘦，但在中醫的角度，產後正是需要進補恢復的時期，身體的放鬆與良好的循環也相當重要，寬鬆舒適的衣物可能更適合產後的媽媽，而那些剖腹產的媽媽們若是有固定傷口的需要，使

用束腹帶即可。

廣義的產後喬骨盆-全身關節修復

　　如同介紹骨盆與產後脊椎生理曲線變化的篇章所提到的，在骨盆腔中的薦椎、尾椎是屬於脊椎延伸的一部份，而產後並不是只有髖關節可能會產生旋轉變化，產後的體態恢復絕對不是只有單單將假胯寬修復回去這麼單純而已，且在前面的篇章中我們有提到==假胯寬的形成跟腰椎弧度過於前彎造成骨盆前傾有關，那可想而知，調整假胯寬勢必就需要調整腰椎弧線，調整腰椎弧線就勢必也要調整胸椎與頸椎的弧線==，人的身體是一個整體結構，處處息息相關，牽一髮而動全身。廣義的產後喬骨盆其實處理的不只是假胯寬的問題而已，而是要將身體因孕期產後走鐘的所有關節調回相對正常的位置，藉由一些手法或是治療工具，==恢復媽媽們產前的脊椎生理曲線，以期改善疼痛與恢復正常的生理機能==。

　　「產後喬骨盆」這一名詞只是因為坊間總是將產後褲子穿不上來當作廣告來吸引媽媽們前來治療或調理，是一個約定俗成後的說法，但實際上要將骨盆喬好，勢必少不了脊椎的調整，換句話來說，透過手法或是一些治療工具將脊椎矯正修復是有助於產後體態修復的，廣義的「產後喬骨盆」正確地來說應該叫做產後「脊椎骨盆修復」，甚至可以叫做「產後全身關節修復」，畢竟有關節的地方就有韌帶與肌肉，韌帶鬆弛與肌肉萎縮的影響層面應該是涵蓋全身關節的。

產後喬骨盆的迷思與陷阱

在坊間與社群媒體上，你可能會看到很多分享文或廣告，一些媽媽強力推薦或是分享自己產後喬骨盆的經歷。如果你有曾認真爬文，把網路所有產後喬骨盆的相關文章或推薦都看過一遍，你會發現有些媽媽會跟你說：

「我喬完 N 次總共小 X 公分！！」

「我喬完師傅跟我說只小 1 公分」

「我喬完師傅跟我說有變小，但我回去褲子還是穿不上」

「我喬⋯都沒喬⋯就被師傅退貨了」

其實廣告就是這樣，通常只會告訴你所販賣的產品很有效果，但那些沒效的案例並不會揭露呈現或告訴你原因，而真實的狀況就是並不是每位產後的媽媽喬完骨盆，骨盆就一定會縮小變窄，其原因就是我們之前提到的並不是每個媽媽產後都會有假胯寬產生，但假胯寬確實會出現在許多產婦身上，就好比說並不是所有媽媽都會得媽媽手，但產婦發生媽媽手的比例相對比較高。有些人假胯寬嚴重，調整完會非常有感，有些人假胯寬輕微甚至只有單邊，調整後雖有改變但主觀感受不強，而有些人並沒有假胯寬的產生，所以在施術者檢查後直接被退貨說不用喬。

但這時候就會有些媽媽有疑問了，為什麼被說沒有假胯寬或是明明已經喬完骨盆了褲子還是穿不上去呢？而這殘酷且很難面對的事實其實就是脂肪堆積，試想在孕期運動量下降又長期久坐休息的狀態

下，脂肪最容易堆積的地方就是我們的腰腹部跟臀部。當媽媽在產後發現原本的褲子穿不上時會感到非常焦慮，這時候一聽到都市傳說只要去喬骨盆屁股就會變小了，接下來就是各種飛蛾撲火、趨之若鶩，然後可能喬完之後只換來一句：剩下的你可能要多運動。

而不少產後媽媽可能同時存在假胯寬與脂肪堆積的問題，就只是所占的比例不同，舉例來說，如果總和是 10 分的話，有些人可能假胯寬占 7 分而脂肪堆積占 3 分，有些人可能假胯寬占 2 分而脂肪堆積占 8 分，這邊值得一提的是臨床上我也有遇到不少天選之人，產後體重直接恢復到懷孕前完全沒增加，結果原本的褲子卻還是穿不上，這種很明顯就是假胯寬占快 10 分而脂肪堆積占趨近於 0 分，調整完假胯寬褲子就馬上能順利穿上了。

產後喬骨盆並不能保證每個媽媽喬完骨盆就一定會縮小，只能保證有結構變化產生假胯寬的媽媽調整完會有所改善，坊間其實有部分業者會告訴你一定會變小，量尺在他手上，測量的人也是他，大家可以想看看 1 公分是大的誤差還是小的誤差，其實**一些業者通過一些小伎倆，在不調整骨盆的狀態下，分別前後測量一次就可以輕鬆造成 4 公分上下的誤差，在產後假胯寬的知識觀念不對等的狀況下就會很容易掉入陷阱或騙局當中。**

而這能造成誤差的小伎倆就是只要在第一次測量假胯寬的時候鬆量，第二次測量的時候稍微把皮尺拉緊一點點就大概可以造成 2 公分的誤差，又或是第一次測量的時候量在你骨盆最寬最凸的位置，而第二次找個相對窄一點的地方再測量一次，又可以造成 2 公分的

誤差。所以一般有媽媽對此提問的時候（為什麼喬完我沒有感覺縮小但被測量說小了4公分？），我都會建議大家在家用麥克筆先在自己大腿根部、髖關節兩側最凸的點先做好記號後自己測量一次，調理後回家自己再重新按照記號測量一次才會是最準的喔。

還有一類產婦，她會跟你說，其實產後也沒有褲子穿不上去的問題，但就是覺得大腿根部的兩側假胯變大了的感覺，其實經由觸診檢查後，可以了解這類媽媽是屬於**假胯上方的臀肌萎縮太多所造成的視覺差異**，也就是因為**臀上的肌肉在孕期因久坐少運動而逐漸萎縮消退的狀態下，導致無異常凸出的假胯處視覺相對原本凸出，這時候將臀肌訓練回來才是解決問題的方法喔！**

自我檢測假胯寬

其實產後的媽媽們如若是原本孕前的褲子卡卡或是穿不上，可以先自我檢測或判斷一下自己是否有假胯寬的問題。以下提供我一般在臨床上判斷的方法與準則：

觸診

以手平貼、緊貼臀部大腿側面由上往下滑動，約莫滑動到大腿根部的位置時，如若碰到明顯硬硬凸凸的結構那就有可能是假胯寬的問題，再依手感判斷凸出來的程度來判別是否嚴重，是雙邊都有還是只有單邊相對凸出。

如果以手平貼、緊貼臀部大腿側面由上往下滑動的過程都非常平順,而且觸感都軟綿綿的並無堅硬的骨質凸出物,那請你面對褲子穿不上的最大原因就是因為脂肪堆積了。

孕前及產後體重差距

產後穿不上孕前的褲子,又想知道是不是因為脂肪堆積的問題。最直觀的做法,就是站上體重計,計算產後與尚未懷孕之前的體重差距。**基本上前後差五公斤以上,你的脂肪因素比例可能就是逐漸偏高了。**試想一個新生兒 3000 公克,你能想像出有幾個新生兒抱著你的臀部跟腹部呢?而若是體重差距在五公斤以內,褲子卻明顯卡住穿不上,那你有假胯寬的比例就會高出許多。

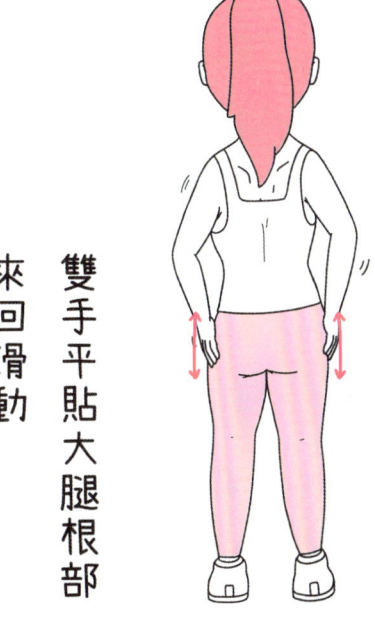

產後喬骨盆-黃金調理期

「坐月子」有時效性

一般西醫所認為的「產褥期」是指新生兒娩出至產後約第六到八週，大約是 1~2 個月的時間，而在這 1~2 個月的時候要有充足的休息及補充，子宮會慢慢恢復退回骨盆腔，惡露會逐漸減少至排空，預期在這個期間生殖系統將恢復至懷孕前的狀態，而這個時期與東方傳統中醫的「坐月子」的概念是相近的。

我們可以將「坐月子」解釋成讓產婦的身體狀態經由休息與調理過後恢復成孕前的健康狀態，甚至比懷孕前更好。而且你會發現「坐月子」是有時效性的，如果「坐月子」沒有時效性，那產婦何不產後一年過後再訂產後護理之家入住照護？

「坐月子」的時效性一般來說中醫會抓約 1~2 個月去做調理與進補，而這時效性我們可以用供需法則來解釋，當產後身體變虛，身體對於休息與補充就會產生更多的需求，產婦的腸胃道對營養或是中藥的吸收率就會相對上升，這時候依照產婦體質給予客製化的營養品或藥材，就能更有效的推動與補充身體所需的氣血能量。

而當時間逐漸推移，若是沒有好好調養身體且持續消耗的狀態下，沒有多餘的能量導致開始掉肌肉、掉頭髮等，身體為了維持運作，勢必得關閉或是降低身體的某些代謝及運作功能，而此時腸胃道也可能相對變得虛弱，對於營養品或是中藥的吸收率相對會下降許多。嚴重一點你會發現怎麼補都補不進去，在中醫的理論當中正

符合「虛不受補」一詞。

產後喬骨盆也是「坐月子」的一環

所以這邊我們可以做一個小結論，東方文化中的「坐月子」是產婦在產後的黃金時效內做好身體調理，讓身體的狀態恢復到孕前的健康狀態。一般在這裡的調理於大多人的觀念都是指中醫內科的調理，卻忽略了中醫外科調理亦是如此。畢竟中醫的治療還是全人整體觀，廣義的「產後喬骨盆」的目的就是要將產後的脊椎骨盆生理曲線恢復成孕前的狀態，且也符合有時效限制的定義，所以其實也是「坐月子」的一環，不容忽視。

而這時效性也就是我們在坊間會常聽到的產後喬骨盆的「黃金時期」。而這個時效的限制正是我們前面篇章所提的鬆弛素與肌肉量的改變所影響的，**產後韌帶會逐漸緊縮恢復，身體的肌肉也會因為活動量逐漸上升而恢復，或是因為過度的勞動而逐漸變得僵硬**。隨著時間的推移，關節的活動度與脊椎骨盆的生理曲線以及肌肉筋膜的彈性與品質可能會逐漸定型，這個時候要調理就會相對逐漸困難了。

但這黃金時期到底是在多久之內呢？你會發現坊間與網路上眾說紛紜，但大概的說法都會落在 3-6 個月內，而這個時效基本上就是跟著產後鬆弛素的作用能力逐漸消失的時間走的，因為關節的鬆弛與健康狀況會影響到調整關節的難易度。所以施術者其實會強調產後喬骨盆要在黃金時期內調整的原因，除了是商業廣告與行銷的考

量之外，其最在意的應該是關節好不好調整。所以你會聽到坊間甚至有些業者不接產後超過 3 個月或 6 個月的產婦，似乎就跟小朋友轉骨的概念一樣，一旦生長板已經閉合，錯過這個黃金時期，要長高就不可能了。

但實際狀況並不是這樣，產後喬骨盆的黃金時期不單純只是照著鬆弛素作用的削減，以及骨關節好不好調整而走，如果大家還記得的話，在前面的篇章我們有提到==肌肉量對於關節鬆弛的影響遠比韌帶鬆緊所造成的影響來得強==。所以「產後喬骨盆的黃金時期」，應該是要在產後的關節曲線及體態，隨著時間及環境逐漸定型之前調整為佳。而這邊能確定的一件事就是，==隨著時間拉越長，可能可以調動與改善的幅度就會相對慢慢的變小。==

那這個黃金時間到底是多久呢？其實每個產婦真的都不一樣，因為每個人在孕前的肌肉量不同，孕期及產後的運動頻率與強度不同，個體的身高、體重與關節構造及角度先天的不同，產後照護小孩的環境與勞動負擔不同，後援強弱不同，鬆弛素分泌的量與消退的時間不同，諸如此類等等的原因都會是影響時效與整復難易度的因素。甚至再更細來看，舊傷、原有的職業病、生產高齡，這些都可能會增加整復的困難度。換句話說，臨床上觀察，你會發現，年紀越輕、身材標準、無舊傷或職業病、有運動習慣、小孩好帶、育嬰後援強，這一類的患者整復的效果佳，也較不需要回診，甚至沒

有所謂的黃金時期。

相反的來說，年紀越長、身材肥胖、有舊傷或嚴重職業病、無運動習慣、小孩難帶、育嬰後援差、甚至要1打2或1打3的那些媽媽，產後喬骨盆的「黃金時期」相對來說就會縮短很多，你會發現這一類婦女剛生完是相對好調整的，但過了半年或一年才來可能效果真的會大打折扣，需要調整的次數與復健的努力就相對得提升更多了。

所以臨床上我常常跟產婦們說，對於產後喬骨盆的黃金時期不要過度執著，舉例來說別人可能半年還調得動，不代表你半年也調得動。這時效自己跟自己比就好了，可以想一想，自己產後一個月整復比較有效還是六個月比較有效？自己產後三個月整復比較有效還是一年比較有效？

相信答案不辯自明。

但總還是會有人問那到底多久時間內喬會比較好？有沒有一個判斷的依據？判斷的依據基本上在上述的產婦自身條件中就已提過，再來我會告訴產婦一般無特殊狀況時，會抓三個月為一個區間，舉例來說，三個月內調、六個月內調、九個月內調，其效果可能會逐漸遞減，換句話說並不用去太執著到底要產後第一個月就調還是第二個月再調。

身體的關節與肌肉筋膜狀態是潛移默化的，所有慢性傷痛都是

累積的，並不會因為幾天的差異就會有瞬間巨大的變化。

<mark>整復關節與調整體態更重要的目的是改善疼痛與恢復身體機能，那些從孕期就開始有痠、麻、脹、痛發生的產婦們，都會是建議一定要在產後及早開始治療與復健，避免持續惡化產生不可逆的病症。</mark>

在臨床還常常會被問一個問題，才發現大家都會被黃金時期的這個觀念給束縛住了，常會有治療過後的產婦會幫朋友問，或是診所常常接到電話來詢問：「林醫師，我生完都已經 2 年了，還可以喬嗎？」這題的答案是「遲到總比不到好」，臨床上還遇到生完五年才來的，甚至更久，一般會問這種問題的媽媽或是來就診的媽媽幾乎都是產後沒有接到脊椎骨盆修復的知識與資訊，可能在沒運動復健或是儘管運動了仍無法脫離或改善本書所敘述的常見疼痛問題，這時候勢必是需要治療的介入，遲到總比不到好，難不成要繼續放著讓狀況持續惡化下去嗎？

「產後喬骨盆的黃金時期」只是建議大家盡早調整的成效較好，甚至有預防勝於治療的概念成分在裡面，有些過了坊間業者口中說的黃金時期的產婦，可以預期其內外科與身心狀態相對來說可能更不易處理，超出了保健的範疇，而是需要治療的地步，除了整復手法之外可能還需要針、藥併用，治療強度跟次數也可能會因此增加許多，對於一些民間調理者來說，處理這類族群相對困難且吃力，才可能因此有了時效資格限定的規則，而<mark>有些無知的業者可能因此</mark>

喊出「超過3個月就沒效了。」而因此誤導一般民眾。這類患者在就診時我總是老話一句：「遲到總比不到好，但遲到會有它的代價。」

臨床上還有一個問題也滿常遇到的，「林醫師，我生第三胎才來喬，想說一次生完再喬回去。」常常想反問這些產婦想要回去哪裡？回到第三胎孕前的體態可能可以，回到第一胎孕前的體態，那你可能還需要額外付出相當大的努力！就像你坐月子休息與進補也不會是生完三胎再一次進補回來的概念一樣。

我們以附圖來舉例，你會發現以前時代的阿嬤常看到最右邊的身形，但這樣身形的阿嬤在這個時代卻是越來越少見，頂多就是像左邊的那樣，不再像古早時代那麼佝僂。其原因就是你會發現古代

生產數對體態造成的影響

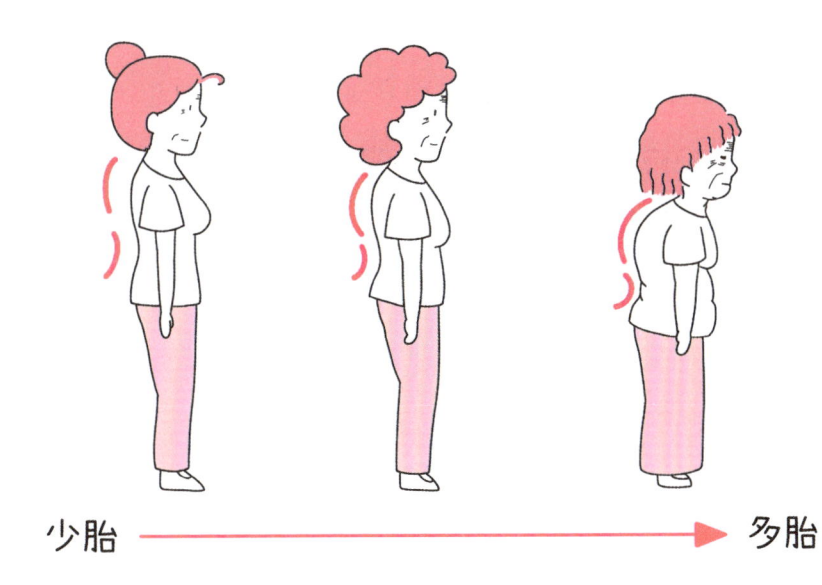

少胎 ➡ 多胎

的阿嬤可能動輒就生個 10 胎，10 次懷胎再加上照顧十個孩子，脊椎骨盆的嚴重變形與退化著實是可預期的。而現代的阿嬤頂多平均就生個 2-3 個孩子，雖有變形與退化，但平均相較古代阿嬤來講就沒有那麼嚴重。

由此也可知每一胎生產與照顧幼兒所造成的形變與傷害都是會累加積疊的，所以胎與胎之間的復健與保養就更顯得相當重要了。但很多人都把整骨或是喬骨盆當作是一種很神奇的魔法，其實並沒有什麼神奇的魔力在裡面，施術者單純就是運用手法去改變你的身體結構，但你的身體結構能改善與恢復多少，除了與施術者的能力有關之外，剩下的全憑受調者的身體條件與狀態，「新傷好治、舊病難醫」即是這個道理，當你一次生完三胎，不但在孕期中脊椎骨盆會產生變形，在照顧三個幼兒期間勞動所累積的肌肉筋膜勞損，積年累月下，會相對僵化固定而較難調整。

所以保養與保健一直都是從現在或是從平日做起，當觀念不正確或等身體已經傷痕累累的時候，一些難逆或是不可逆的病變一旦發生，治療與復健運動的強度與頻率勢必得提高，很多人也不見得有耐心復健與治療，常感到進展緩慢就放棄而繼續原本的惡性循環中導致繼續惡化，保健、養生的選擇在有正確觀念後，是否執行去脫離正在進行的惡性循環只是在一念之間而已，值得省思。

產後多久可以喬骨盆？

到底生產後多久可以開始喬骨盆，這個問題在網路上也是眾說紛紜、說法不一，**你可能會聽到自然產一個月、剖腹產三個月後才可以喬骨盆之類的說法，但卻又不附上這時限的原因，甚至還可能因此讓許多正受疼痛嚴重折磨的產婦錯失可以提早治療的時間。**

產後到底多久可以喬骨盆？其實這個問題並沒有標準答案，純粹是看治療者的技術以及治療者希望當產婦們來調整時，身體是處於一個怎樣的狀態或者是有沒有立即調整的需要？

臨床上我調整過最早的產婦是產後大概 2-4 天，這種剛產後就被送過來調整脊椎骨盆的媽媽們，通常都是因為接到產後護理之家的電話通知，說該館的媽媽從生完到入館腰臀痛或是尾椎痛到不行，坐立難安，甚至躺著都會痛到無法休息，這樣類型的媽媽們一般都是在生產的過程及胎兒經過產道時，可能因為瞬間的不當出力導致脊椎骨盆錯位，就像閃到腰一樣，如果連躺著都無法好好休息，那在產後護理之家休養的價值與黃金時期就會大打折扣，所以這類型有立即調整脊椎骨盆需求的媽媽們就會被送過來調整。

雖然在臨床上剛生完 2-4 天的產婦就能調了，但這些媽媽是因為有立即性的醫療需求，不然一般我都還是會建議產婦們不要在剛產後特別虛弱特別狼狽的時期外出東奔西跑，應該先在室內好好休

息靜養，照護傷口及恢復體力，大約休息兩週過後並滿足兩個自我評估條件時，就可以開始矯正脊椎骨盆。

第一個評估條件是，產後的剖腹或是會陰剪開的傷口在起立、蹲下、側躺、翻身不痛，其目的是當這些產後的傷口癒合狀況良好時，在整復床上為了因應各種整復手法，醫師會將產婦呈現各種手法所需要的身體擺位，而手法可能也會對骨盆與大腿做一些旋轉拔伸的動作，若是生產的傷口仍會因為這些姿勢引發疼痛，首先當然要先檢查傷口是否有癒合不良或是感染的問題，再來若是傷口疼痛亦會影響產婦在做脊椎骨盆矯正時無法放鬆，無法放鬆時，整復的手法就會進行困難甚至無法操作影響療效。

第二個評估條件是無明顯大量惡露，通常在產後兩週過後，一定都還會有惡露，只是惡露量一定會逐漸減少，當無明顯大量惡露時即可開始調整，其原因是當惡露量開始減少時，代表子宮逐漸收縮變小回到骨盆腔，若有持續性的惡露或者是較大量的出血，可能就要考慮是否有感染或是子宮收縮不良甚至有植入性胎盤的可能，在還沒排除這些較嚴重狀況的時候都是不適合安排產後喬骨盆的。

總結來說，我在臨床上的觀察，一般產婦通常休息完整兩週後，傷口恢復及子宮修復的狀態都能趨於穩定，所以才會建議產婦能先好好休息兩週過後，若有喬骨盆的需求，可自我觀察傷口是否在活動時不會引發疼痛以及沒有明顯大量惡露的狀態下，即可安排產後的脊椎

==骨盆矯正及修復==。常有產婦會跟我打趣的說，以兩週為時間的劃分對於有入住產後護理之家的媽媽來說，有一個好處，就是這個時間可以將嫩嬰托付給月子中心照護，在有後援的狀態下趕快外出做身體關節的調整與修復，因為可能有不少媽媽，離開了產後護理之家之後，後援能力有限，生活的節奏就不像當時在月子中心般優雅了，要安排外出辦事或就診的時間也就相對困難。

產後一定要喬骨盆嗎？

你是否也曾有過疑問，產後一定要喬骨盆嗎？我們這邊所提的「產後喬骨盆」指的都是脊椎骨盆的矯正修復。這個問題其實就跟產後到底要不要入住產後護理之家坐月子一樣，可以由多種層面去考量與選擇，而我們可以這樣說，產後不一定要入住產後護理之家，媽媽需要的只是一個完整的休息及修復，而入住產後護理之家只是達成這個目的的一個選擇，選擇透過一個完善的團隊及相對舒適安靜的環境，讓媽媽們可獲得良善的醫療團隊照護與指導，安頓身心，完整的放空休息。

換句話來說，==產後不是一定要喬骨盆，媽媽需要的只是及早恢復孕前較健康的脊椎骨盆生理曲線狀態，而「產後喬骨盆」只是達成這個目的的其中一個選擇==。由醫師或治療師藉由整復手法及一些治療工具，讓產婦們被動地將身體盡可能的還原成相對正常的脊椎生理

曲線，以期改善疼痛及恢復正常的生理功能，並維持良好的體態與身材，避免因孕期及產後持續照護幼兒的狀態下可能逐漸虎背熊腰，或是產生各種慢性疼痛。

但在網路及社群媒體中，你會聽到有一種聲音，總結不外乎是，「產後喬骨盆沒用啦，喬完根本沒感覺。」、「產後不需要喬骨盆啊，喬完骨盆還不是要叫你運動，不然沒運動過一陣子復發還不是要回去喬。」、「產後運動就好了啦，根本不需要喬骨盆。」諸如此類的網友心得總結，也都是我在臨床上常常被問到的問題。其實這些網友的心得並沒有錯，可能都是他們的真實經驗，但依照我的臨床經驗可以回答大家如下。

首先，==坊間有很大一部份的「產後喬骨盆」就真的只是在處理所謂的產後「假胯寬」==，誠如本書前面篇章所言，並不是每位媽媽產後都會有假胯寬，如果你沒有假胯寬或者是假胯寬的幅度不嚴重，而盲目地認為只要喬完骨盆臀部就會變小，那到頭來你可能只享受到了一場全身的按摩與指壓放鬆，當然會覺得沒有用或沒有感覺，產後因孕期所帶來的全身關節變化，在我的經驗中，如若是經由非常有經驗且專業的醫師來做全身的關節修復整理，要想感受不到實質性的體態及症狀改變的人真的不多。

再來，確實會有一部份產婦的觀念是走「運動派」自我鍛鍊與修復。運動派的族群常常會認為產後喬骨盆是一個沒有意義且不太

需要的選擇，所以才會有一些媽媽在網路上留下心得認為喬骨盆到頭來還不是要靠運動維持，而也**可能因此誤導了一些產婦直接下了產後喬骨盆沒用的結論**。每當有媽媽們問我這道題目時，我都會反問，所以你運動了嗎？

在大量的臨床觀察下，你會發現那些走「運動派」的產婦絕大多數都是屬於自我要求較高的族群，她們並不是產後才開始運動的呀！她們通常在孕前就已經是有在規律健身的健美女性了，這一類的族群其實真的是那些有生產計劃的女性模範，誠如我前面篇章所言，孕期與產後的肌肉量對於關節的穩固性影響，相較於鬆弛素的影響來得大，也就是說這一類「運動派」女性，肌肉的儲存量在孕前就相當多，孕期下滑得少，故孕期及產後的體態變化相對小，產後又能積極的復健，疼痛或是一些慢性、惡性循環的症狀並不容易出現在她們身上。所以在這些產婦身上自然對於產後喬骨盆的需求就相對減少。

但回到臨床經驗中，這一類運動派的產婦，還是不少人會來尋求「產後喬骨盆」的治療輔助，原因可能很簡單，就是因為這一類婦女自我要求通常較高，往往會希望產後的身材能夠越快恢復越好。而這些運動派產婦做完「產後喬骨盆」的治療後，你會發現幾乎都沒有回診的需求，因為她們的關節本來就相對穩固，要再走位跑掉的機會本來就不大，除非受到撞擊或是意外受傷。

所以如果一般沒有運動習慣的婦女,是不能完全參考這類「運動派」女性的心得結論的,因為首先你孕前的肌肉量就不如人家,孕期肌肉量大量下滑,產後就算你照著人家的運動菜單開始積極運動,但你的肌肉量起跑線就已經落後一大截了。更不用說<mark>那些聽信了這類「運動派」女性的心得結論的產婦們,直接認定產後喬骨盆沒用,但自己也沒有開始運動去補強,錯失了各種恢復脊椎骨盆生理曲線的機會</mark>,斗轉星移之間,便可能逐漸步入許多慢性症狀的惡性循環中而卻不自知。

　　所以我常反問產後媽媽們,你運動了嗎?運動的頻率?運動的強度?運動的方式?你做了什麼運動是可以幫助恢復脊椎骨盆曲線以及穩固各部位關節?甚至有時候得到的回答是我有時候都會出去走路當作運動,產婦在這人生的黃金歲月期間,不能只有走路就當作有運動啊⋯⋯。

　　而那些認為「產後喬骨盆」到頭來還不是要叫你回去運動維持的人,我只能說,你答對了,而且對極了,任何治療本來就都不是仙丹妙藥,讓你吃了就可以終身耍廢也不用注意生活習慣了,所謂良好的生活習慣不外乎是均衡的飲食、充足的睡眠和規律的運動。

　　你怎麼不去想人生就是因為沒有規律的運動等這些良好的生活習慣,健康才會慢慢的走下坡,當健康逐漸走下坡產生症狀時去看醫生,好像好了一點,但怎麼過一陣子又復發了?問了醫師,卻得

到的答案是如果你回去沒有運動又持續勞動或是姿勢不良的話，就必須定期回診治療。難道你就得到了一個結論：反正還不是要靠規律的運動復健維持，不然就會一直復發，所以不要治療了。結果你不但沒有運動也不接受治療，身體的健康狀態有可能就因此而繼續直線下滑了。

產後的媽媽們必須了解與接受的一件事，就是產後的身體狀態和生活與孕前大不同，**女性的先天肌肉量就比男性來得少，又經過孕期與產後的大量下滑，生活中又多了一個以上的幼兒需要勞動照護，身體的體力與支撐性已不可與往日相提並論**，「產後喬骨盆」只是產後恢復身材與健康的選擇之一，那些懷孕期間或產後出現疼痛症狀的媽媽們，在無法靠休息或運動伸展緩解的時候，「產後喬骨盆」可能就更是必須得考慮的治療選擇。

在現代的這個社會環境下，你會發現現代產婦的後援普遍不佳，產後帶娃的日子非常不容易，在嫩嬰還不能過夜需要喝夜奶的日子裡，睡眠不足已是家常便飯，能有強大後援而選擇不補眠去健身運動的媽媽相對較少，這也是為什麼**我一般鼓勵有懷孕計畫的婦女們，在備孕期間就要開始健身累積本錢，因為產後你的運動時間與效率，可能還不足以讓你的肌肉恢復速度追趕上幼兒體重逐漸升高的速度**，抱小孩、餵奶、洗衣服奶瓶、幫小孩換尿布、洗澡等等育兒生活都是一個向前負重的勞動，當肌肉無法支撐你的關節，逐漸的就慢慢

產生各種僵硬疼痛的症狀，虎背熊腰的刻板印象可能也就慢慢地找上你了。

產後喬骨盆的加乘效果

孕期與產後流失的肌肉，不運動是喚不回來的。選擇「產後喬骨盆」不代表就不用運動，但是卻能提升身體修復的效率，甚至能提高運動的表現與成果。

既然都是要運動的，可以試想，坊間的產婦撇除那些運動派婦女，就是大概分成三類，A 族群就是有接受「產後喬骨盆」修復且有執行運動規劃的產婦；B 族群是有接受「產後喬骨盆」修復但沒有運動規劃的產婦；C 族群是沒有接受「產後喬骨盆」修復亦無運動規劃的產婦。這三類族群在我的臨床觀察下，A 族群接受治療後回診的機會很小，B 族群可能會選擇定期接受治療或保養，而 C 族群的部分產婦大概都是過了一兩年身體已經出現了許多問題後才出現在我的門診。

我常跟患者說**身體的健康狀態無法維持並不是因為治療無效，正確的診斷與治療當下就是有效的**，有些人會復發是因為患者無法脫離原有的生活作息與習慣，但你如果選擇無視根本的原因又嫌棄有幫助的治療，那就是持續陷入惡性循環中。而惡性循環的相反，就是治療與復健所帶來的加乘效果。

舉例來說，當產後覺得肩頸僵硬或是腰酸背痛甚至有其他的疼痛問題發生時，藉由脊椎骨盆矯正與關節鬆動修復手法改善後，睡眠的品質首先就會改善許多，提升睡眠休息的效率，身體自然就能有更好的充電狀態，稍有體力後就更能面對生活的壓力及有精神能量去規劃額外的復健運動。

另外一個層面，**當你的脊椎骨盆歪斜嚴重的時候，若在運動知識不足或是無專業復健運動指導下，你有可能越運動越痛，或者是越運動越將現有的體態給固定住了**，原本駝背結果練出很強壯的駝背，原本骨盆前傾練成骨盆更前傾，練一練長短腳可能又變得更頑固了。

這其中的原因就是你並不清楚自身的肌肉哪邊是需要加強、哪邊是需要放鬆的，更細的來說，是左邊肢體要加強還是右邊肢體要加強？在沒有釐清的狀態下，大家很習慣會用自己靈活的與相對較強健的肌肉去出力與支撐。當你運動的選擇對於全身的肌肉復健都非常全面，那可能問題還不大還會有不錯的成效。

但想要事半功倍，有些人會發現在初期建立運動習慣前，先矯正脊椎骨盆以及四肢關節，再去運動，不但能提升運動的效率，也能縮短純粹靠專業的運動訓練自我矯正脊椎骨盆生理曲線的時間，**「產後喬骨盆」的治療就是一種強力輔助，與運動復健相輔相成，有很好的加乘效果，能讓產婦更快的脫離亞健康的狀態，甚至能逐步脫離惡性循環中。**

我常有患者跟我分享，脊椎骨盆矯正後，運動時覺得輕鬆多了，背可以挺起來，大腿也比較有力了，甚至以前每次運動完都會單邊腰臀痠痛，而現在運動完這樣的感覺明顯減少許多。

當肌肉量逐漸恢復，關節穩定性也回到孕前的狀態，身體就更能對抗育兒所造成的關節負荷。

在臨床經驗中，有時候會遇到那些無縫連生兩胎的產婦，你會發現連續兩胎的孕期跟孕程，對產婦所造成的肌肉流失相當巨大，關節負荷及疼痛狀況也相較一般的產婦來得嚴重，所以我一般會**建議有打算要連生的婦女們，備孕時期就要先好好儲存肌肉量才是最根本有效的辦法**。而那些沒打算連生且肌肉存量不足的媽媽們，請一定要做好避孕好好把身體養好再出發，自己的健康只有自己能掌握負責，這是身為一個產後調理的中醫師所能給的建議！

喬骨盆的手法介紹與原理

產後的體態調整與生理曲線恢復，所運用的手法在坊間可能非常多元，其中最為常見的喬骨盆手法就是東方中醫所稱的「正骨」，西方醫學所稱的「脊椎矯正」，也就是我們一般可能常會聽到的「整脊」、「整骨」。

很多人常會很好奇，東方的中醫正骨到底與西方的美式整脊有什麼不同？關於這個問題其實沒有什麼好糾結的，因為在**文化逐漸**

開放交流的環境下，東西方的正骨整脊技巧早就已經相互融合了。真的要說區別，除了歷史發展的不同，中醫正骨文化中可能還包含了更多的骨折接骨的技術在裡面，而西方的整脊文化中會包含許多的輔助機械或儀器，例如整骨槍、頓壓板、頓落床。而在實質的手法操作上，其實東西方的技術大同小異或是殊途同歸。

在這邊值得一提的是，在坊間很多施術者自稱引進美式整脊或是使用美式整脊來治療或調理患者，讓受調者誤以為自己曾經接受過完整的整脊治療，但其實整套療程只接受到整骨槍、頓壓板或頓落床的治療而已，輔助工具並不能完整代表美式整脊，美式整脊基本上還是徒手治療為主，輔助工具畢竟只是輔助，操作的技術門檻相對徒手治療也較低，較好上手，但就療效論，不管是東方還是西方的正骨或是整脊術，都還是以施術者徒手操作才是主要的核心治療，嚴格來說這樣才算是實質的整脊，純利用輔助工具來宣傳自己就是美式整脊的常常都只是在打擦邊球而已，沒說破的狀態下常常會讓一些患者誤會，甚至錯過治療的黃金時機。

再來我們來談正骨與整脊的原理，是治療者徒手利用槓桿、牽引、拔伸、旋轉、復位等手法將患者錯位的脊椎、骨盆或四肢關節導正，鬆動關節腔壓力，調整脊椎骨盆的角度與生理曲線，以期恢復肌肉筋膜的彈性與機能，緩解改善關節錯位導致的疼痛及失能，是一個非常快速有效的治療方法。

治療的過程常常會有關節發出「喀、喀、喀」的聲音，這個聲音在坊間也是被爭論不休，有些人會說有發出這個關節聲才代表骨頭有移動、矯正有效，有些人則會說這個聲音在超音波的影像觀察下，就只是當關節被拉開到一定的程度時，關節與關節之間的滑液囊因關節內壓力減小，關節液中溶解的氣體分子變為氣泡，之後氣泡又破掉，而發出的聲音。而結論是，許多治療者還是會在手法操作中去把關節發出的聲響當作治療成效的參考，因為要達到關節矯正的目的，在手法操作上勢必是需要將目標關節拉開一定的程度才會產生復位的效果。另外，你也會聽到有些人會說矯正不一定會發出「喀、喀、喀」的聲響，沒發出聲音不代表就是沒效，這個說法只對了一半，確實在有些關節較鬆弛或是肌肉過硬的患者身上，做脊椎關節矯正時不一定會造成關節產生負壓，而引發關節液中的氣泡生成後破裂，但換句話說也有可能只是治療者矯正方式或角度欠佳，純粹是經驗或是技術能力不足，無法利用手法達到關節應有的拉伸強度，但又幫自己找了台階下，這也是為什麼臨床常常有人覺得 A 治療者整骨沒效沒改善，而換了較有經驗的 B 治療者就改善許多的原因之一。

> 並非所有產婦在產後喬骨盆後都能有感到骨盆變小,這其中存在著許多迷思與坊間的騙術,且產後的關節變形或錯位並非只有骨盆,真正要處理跟修復的應該是全身的關節包含骨盆,才能有效地解除產婦在產後的各種症狀並避免留下病根,可透過中醫正骨手法,配合多元運動處方,能讓產婦在產後更快速的恢復健康。

整骨、整脊的風險大嗎?

在坊間,只要提到整骨或是整脊,很多人都會有些刻板印象,「會很痛嗎?」、「是不是很危險?」曾經被弄痛或被弄受傷的民眾不在少數,好像存在著不少風險。然而真實狀況錯綜複雜,**它確實存在著風險,但這個風險叫做平均風險。**

首先整骨、整脊在台灣的法規來講是一種醫療行為,需要有相關的背景、專業的訓練及有衛生福利部認定的醫療執照才可以執行操作的。但由於這項技術迅速有效,常常給人有一種神乎其技的感覺,所以在台灣盛行的民俗調理行業中常常會有調理師將其手法混入推拿按摩的服務中。

那麼品管的問題就來了,畢竟整骨、整脊的手法算是一種非常細膩的手工技能,由不同老師教出來的,及不同學生所學到的結果都會有很大的不同。除了教學端的來源及差異之外,學習者的天分、

素養跟悟性還有自己本身的身體素質都是造就成果的關鍵。

打個比方，讓一群人去參加籃球訓練營，學員分別由不同群的教練訓練，訓練後你會發現有些教練教得很好，有些學員很快就上手可以過人拉竿進球，有些學員就算遇到好教練也始終連運球都還是不會。==整骨、整脊亦是如此，學習者的成就不外乎就是三個條件組成，專業的師資、良好的身體素質與天分、海量的操作練習經驗，缺一不可。==

整骨、整脊風險大嗎？假設你問的是我本人，我會跟你說很安全啊，發生問題的機會不大，所以儘管有醫師執照仍要小心操作。但假設你問的是這個社會，隨便走進一家民俗調理整骨，那我會跟你說那平均風險確實不小。

換句話來說，沒有專業的師資教學，就沒有人告訴你整骨和整脊的適應症與禁忌症，也沒辦法了解人體疾病與生理解剖上的相互因果關係。而沒有良好的身體素質與天分，以及學習中的觀察力與創造力，在操作手法上為求效果可能就會以暴力取代巧力去壓迫拉扯關節。這些都是臨床上常見增高不必要風險的原因。

再來這社會上許多人只稍微學過也沒有大量經驗就出來自行操作，客戶當然就變成練習的白老鼠了。在這些不良的品管結果中，你如果在路上隨便找一家店，傻傻地以為整骨和整脊大家弄起來應該都一樣，那自然就成為了提高整體風險的受害者。

在我的臨床經驗中，確實遇到很多被整完受傷才跑來診所找醫生處理的案例，有些救得回來，有些真的愛莫能助。常常有些患者被我矯正完發現原來整骨可以幾乎無痛，頂多就是一點拉扯感而已，發現跟以前很痛的經驗差異非常大，我只能說，**痛是一種主觀感受，在患者心理不緊張、身體的狀態也沒有過度緊繃僵硬的狀態下，整骨和整脊其實是可以非常輕巧的**，既然輕巧，相對的危險性也就小，矯正頸椎根本不需要用甩的，也不會出現患者趴在地上被踩踏整骨的情景出現。

在安全的脊椎關節矯正中，我們應該遵循「欲合先離、離而復合」的原則，將關節以輕巧拉開的方式取代暴力擠壓，才能減少關節與椎間盤的壓力，復位欲矯正的錯位關節，能無痛或是減痛治療純粹就是因為觀念明確、角度正確以及手法熟練如此而已，如果治療的過程中你覺得很痛或是不安全感很強那你就要注意了，**畢竟治療並不是越痛越有效，「痛」就是身體發出的危險的訊號，代表你可能正在或是快要受傷了。**

所以還是建議大家尋求治療時，還是要認明有執照的專業醫療人員進行完整的評估與診療才是上上策。我常開玩笑告訴患者，選擇醫師的好處，是因為有時候醫師比你還怕造成風險與醫療糾紛。

整骨、整脊是治標不治本嗎？

　　臨床上你會發現有部分族群會有定期整骨或是整脊的習慣，於是乎網路社群就會有人詬病，認為整骨整脊只是治標不治本，而因此下結論告訴大家不要去整骨或整脊，靠平常的姿勢維持與運動才是最根本的辦法，其實如同前篇所述，這個邏輯跟想法確實是正確的，但卻存在著許多條件與但書。

　　一樣的幾個問題請教，請問你運動了嗎？請問你懷孕前就開始運動了嗎？你如果是原本就沒有運動的習慣，產後才開始想要運動，雖然說是亡羊補牢，為時未晚，但**孕期產後對身體結構改變所造成的傷害，並不是運動一次兩次或是幾週就能復原的，復健運動需要足夠的頻率與強度還有時間的累積**，更何況那些產後就開始疼痛的產婦們，而產後喬骨盆就像助跑一樣，能推你一把，讓你更快的回復到接近孕前的脊椎骨盆生理曲線，與復健運動並行時具有相當好的加乘效果，你如果說它是治標不治本，那在沒有治標及顧本的狀態下，其實你的脊椎骨盆生理曲線可能會逐漸脫離正常的軌道然後漸行漸遠。

　　而在有定期治療的狀態下，至少你的脊椎骨盆生理曲線狀態與正常的軌道能若即若離。若是有經過治療並認真地開始復健運動，那麼你的脊椎骨盆生理曲線就能在調整後維持在正常軌道上而不容易復發。

所以其實復發根本不是因為治療無效的問題，治療的當下確實改善了你的疼痛與不適，復發是因為你脫離不了育兒的勞動生活以及沒有找回肌肉存量的緣故。放大來說，世界上幾乎沒有一種治療是能保證你的症狀是不會復發的。

舉例來說，為什麼很多人平常就很注重口腔衛生但還是有定期洗牙的習慣？不洗牙是否可以靠著日常生活中多使用牙線清潔與定時的刷牙來維持保養？或者是你的刷牙習慣很差所以定期洗牙能幫助你延緩牙齒被破壞的時間？不洗牙也不刷牙的那些人，你是否就比較能預期他的牙齒狀態的結果。等到蛀牙了，把蛀牙的地方挖掉補牙補起來，也不代表就治好不會復發了，若是仍沒維持口腔衛生習慣，蛀牙還是會反覆發作。

醫療就是這樣，都是一個輔助的概念，如果去深入探討治標還是治本，其實大家都是治標，身體狀況沒那麼差的人其實治療後能自我維持，而身體狀況較差的人在治療後就是不斷的復發，甚至會越來越難治療，所以更需要額外的復健計畫。

人體的使用就像汽車一樣，你想要開得久開得遠，就要想盡辦法去保養它，不管是主動的或是被動的保養，都有它的意義存在。就像有人會定期去按摩油壓一樣，他可能工作較勞累，需要靠被動的舒壓方式來放鬆自己的身體，但他也可以選擇主動的運動及伸展來減輕身體的負擔。

是否要選擇產後喬骨盆都有個人的家庭狀況與環境因素（ex. 隊友 & 後援），一般我門診都會告訴產婦們回去要注意姿勢跟復健運動才不會一直回來。其中不少媽媽就是打從一開始就沒有運動習慣甚至就是不喜歡運動，但她又很想要維持身材與遠離僵硬疼痛，所以定期整復就成為了她的選擇，就像時間與金錢的衡量，有些人會用金錢買時間，有些人會用時間換金錢，沒有對錯，就是選擇而已。

而談到更深層面，在「治療的派別中」誰才是治標誰才是治本的問題，我也有話要說。到底處理肌肉筋膜張力與矯正骨關節錯位，孰為治標？孰為治本？

在中醫的筋骨概念中，很多醫家很常在爭論，到底是「筋從骨」，還是「骨從筋」？白話文來說，==到底是骨關節的排列變異錯位後造成了肌肉筋膜的緊繃，還是因為肌肉筋膜的緊繃而逐漸拉歪了骨關節的排列導致錯位發生==？這個問題也是千古爭論不休，就像是先有雞還是先有蛋的概念一樣，擅長處理筋膜的醫家常常會堅持以例如撥筋的方式放鬆肌肉，而後歪斜的骨架才能逐漸復原。至於擅長矯正骨關節的醫家則常常認為矯正骨架後，緊繃的肌肉筋膜就能因此而獲得放鬆。

其實兩邊的說法都沒錯，但所有的徒手治療始終都只是一個輔助患者身體狀態回復正軌的方式，若沒有改善平日的姿勢以及離開高強度的勞動工作還有建立規律的運動，試問有誰不會復發？

常看到有些醫家站在對立面去評論整脊整骨要定期整不然就容易復發，並解釋其原因是整脊整骨只有處理關節排列的問題，並沒有放鬆拉歪骨關節排列的肌肉筋膜的張力，所以就算整了還是會復發。

聽起來煞有其事，但依照臨床觀察與邏輯推斷上，整脊整骨只是因為治療起來會聽到骨關節的響聲所以被廣泛認定為就是專門處理骨關節問題的手段，但其實整脊整骨不是單單只有字面上的意思，且在處理後，原本緊繃的肌肉也會瞬間鬆解開來，舉例來說，一些因為駝背造成肩頸緊繃僵硬的患者，一般在頸椎與胸椎矯正後，你會發現肩膀的肌肉按起來或是活動起來會鬆非常多，這是不爭的事實，但很遺憾的，許多不會整脊整骨的醫家只是光憑自己的認知與想像而誤解與誤導民眾，甚至喊話整脊整骨是非常危險的醫療行為，讓許多民眾有了偏差的刻板印象，而這些醫家在衛教自己患者的時候，誰又敢講自己是治本，讓患者經過治療後永不復發？還不是照樣叮嚀衛教要有正確姿勢並指導一些復健運動，然後患者若是沒能改善原本的生活習慣，也將會定期回診治療，嚴格講起來，理筋派終究也只是治標而已。

而且有許多過度用力撥筋的案例結果，就是會讓患者對於撥筋的力道需要越吃越重，肌肉筋膜的活性都被按壞了而不自知，所以在臨床上，我一向反對那種按完好像當下有麻痺放鬆的錯覺，隔天起

來卻會發現有各種瘀青腫脹和疼痛發生的施術，這些都會導致肌肉筋膜逐漸硬化然後失去活性的惡性循環，但很多施術者會告訴你這是因為你太嚴重或是身體太虛所造成的諸多謬論，然後告訴你是因為你的生活工作太勞累，所以一定要定期來按才能放鬆，結果就是越按越硬，力道越吃越重，很多重口味的刮痧與拔罐也是這樣，不可不慎，不是不能按，是按了不能痛，也不能死按硬推，或者可以改以全身油壓，油壓的力道與方式才是真正具有治療與放鬆的手法。很多已經重按習慣沒辦法再回頭接受油壓的患者，很常都是因為身體表層的筋膜肌肉都已經被按到硬化了，所以油壓也推不開，甚至覺得油壓的力道都像在隔靴搔癢一樣。**這類患者若想逆轉，唯有主動運**

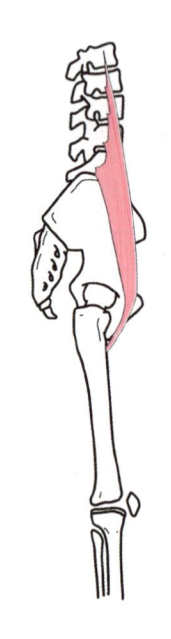

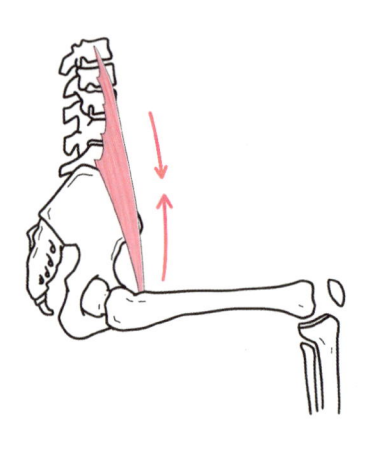

久坐導致髂腰肌緊縮

動一途,別無它法。

所以到底是筋從骨,還是骨從筋呢?其實臨床上觀察到的答案很簡單,根本沒必要糾結在這個二分法中,應該是筋骨互從。在中醫的聖經「黃帝內經」古條文裡有一句話是這樣說的,「骨正筋柔,氣血自流。」意思是指一個人若骨位正且筋柔軟協調,那麼氣血循環就會好而能保持健康。**筋骨互從的意思就是筋與骨的狀態會互相影響。**

以臨床案例舉例來說,一個常常左手翻鍋炒菜的廚師,由於左上肢需長時間出力承重而會導致肌肉緊繃僵硬,而上半身的脊椎等關節可能就會因此被緊縮的左上肢肌肉拉扯,向身體的左側方向旋轉扭曲而造成職業傷害,而這便是骨受筋影響的例子(骨從筋)。

再舉一例,一個常常久坐的上班族,因為長期久坐沒有活動,此時我們骨盆中負責髖部屈曲的髂腰肌便會長期處在一個縮短的狀態而逐漸失去延展的能力,而臀部的肌群也因坐姿被拉長而逐漸無力,久而久之就形成了骨盆過度前傾的問題(下交叉症候群),但你想想,我們坐在椅子上的時候並不會感到這些肌肉在特別出力,純粹是因為骨關節的擺位而造成了這個現象,這便是筋受骨影響的例子(筋從骨)。

而不管是筋從骨或是骨從筋,一旦發生了,身體可能會越來越習慣往骨架歪的地方出力或靠攏,像是歪坐、斜靠、側躺、翹腳、

三七步等等，而骨架就會越來越歪而造成一些肌肉更縮短緊繃或更伸長無力的惡性循環中，如環無端。

筋骨互從便是這個意思，所以**在治療上，較完整的治療應該是治筋也治骨，而不是擇一或互相排斥**，臨床上遇到很多擇一或互相排斥的施術者，其原因就是他只會單一的處理方法，有很多醫家的診斷永遠是筋膜肌肉發炎，完全不談骨的問題，因為在他的學習歷程中，骨只有脫臼或是骨折時才需要診斷與治療，並不存在錯位的概念。甚至你拿骨錯位或是歪斜的問題去問他，他可能也回答不出來而會直接跟你說沒用或是很危險。

但實際上在醫療這一塊領域，我始終信奉著「救人的方法越多越好。」不同的治療方法對於不同的症狀或是患者身體條件，都可能占有鬆動或復原結構的腳色。

而**中醫在治療疼痛的領域我想在醫界能遙遙領先的原因是因為中醫師不但有手，還能用針**。在大家都有手的狀態下，徒手治療畢竟還是有它的限制，中醫師還能用針，就可以更廣的去解決筋膜肌肉的沾黏、鈣化甚至是緊繃異常的問題，靠徒手運用各學說或門派的方式去理筋正骨，加上用針深入肌肉筋膜中直接針對氣結或筋結做鬆解和調整張力，當所有治療合併使用，相輔相成，便能將治療的效果發揮到最高，不但處理了筋膜肌肉緊繃的問題，又大幅度地矯正了骨關節的錯位排列，療效立即而顯著，何樂而不為？

套一句周星馳電影裡的名言：「小孩子才做選擇，我全都要。」而更深一步探討所謂的「全都要」不是單指局部的肌肉筋膜放鬆與局部的骨關節結構矯正，**要真正的將療效發揮到最高及復發率降到最低，其實是要將全身的結構網絡都調平衡**，畢竟中醫看待人是一個整體，在人體的活動中是由非常多的肌群共同協同與拮抗完成，當複雜的力學結構出現問題而產生症狀時，其實身體的每個部位可能都會互相代償或影響，牽一髮而動全身，這也是為什麼一般民眾對於中醫常會有頭痛醫腳或腳痛醫頭的印象。

　　我們如果把人體比喻成一個包木瓜的保麗龍網套來看，當這個長長的網套螺旋捲曲扭轉在一起時，可能在網套的中間最緊的地方產生了症狀，若只是將扭轉最緊的那個地方轉回來，症狀確實會緩解，但過一陣子，這個受傷的地方可能又會因兩端仍螺旋捲曲扭轉的張力而復發回來。

　　但如若我們耐心仔細地將整個螺旋捲曲扭轉的網套慢慢轉回成原本的樣子並鋪平，那不但可預期症狀能解除更多，且復發的機會相對也會大幅的降低許多。

　　同理，如果整復的治療都只是針對局部處理，一些整體扭曲歪斜較嚴重的患者自然復發率相對就會提高，這也是為什麼有些問題局部整復的效果有限的原因。**「整體觀」一直是中醫治病的精神，除了醫師提供筋骨的治療之外，運動訓練失能的肌群也是復健的一環。**

急者治其標，緩則治其本，但若是條件允許，標本同治才會是最好的選擇。

> 執行整骨、整脊的治療有一定的風險，畢竟每個人的學習歷程跟操作方式大相逕庭，最好認明有執照且經驗豐富的醫師進行操作，不是痛才有效，調整的過程應該感到施術者手法輕巧俐落，過大的蠻力操作可能會有傷害生成。沒有一項治療技術是能保證不復發的，骨架的調整與軟組織的放鬆應該相輔相成，更重要的是配合運動，加強肌肉的強度與彈性保護關節，才是真正的標本同治。

中醫治療疼痛的秘器：針灸與針刀

針灸

中醫在調整肌肉筋膜張力上與處理疼痛中之所以能超群出眾，獨樹一幟的原因，正是因為我們有很好的治療武器，針灸。

我常常跟患者說，你**不要期待所有筋骨的疼痛問題都能用徒手治療解決，能「善用」針灸的中醫師，其實在分秒之間就能將推半天也不一定能推開的肌肉筋膜鬆開**，但在一般民眾的傳統觀念下，很常會遇到寧可選擇接受半小時到一小時的按壓推拿，去感受按壓推拿中所帶來的痠痛舒爽感，或許平常當保養跟放鬆是一個不錯的享受過程，但當有疼痛或症狀產生時，其實中醫師用針是能更快的去調節張力而達到放鬆與治療的效果，有多快？就是幾秒之間的事而已，但臨床上會發現，許多民眾對於療效總是喜歡以時間來計算，好像感受到被推得越久、按得越深效果才會越好，這是一件非常弔詭的觀念，**療效其實應該是以施術後患者身體症狀改善反應來算**，下針雖然只有幾秒的事，卻能在瞬間將緊繃的筋膜肌肉鬆解開來，這跟中醫師下針的方法、位置與深度，也就是跟中醫師的醫術有關。

針灸是博大精深的傳統中醫文化的瑰寶，我有許多患者，發生疼痛問題時，有時候兩三針就能解除了，兩三針幾秒鐘的事，外行人看熱鬧，因效率太高速度太快覺得廉價，內行人看門道，而這些

內行人通常是在外面推過按過很久都不見好轉的，結果被針灸處理後就竟然能立即獲得非常大的改善，這也是為什麼我說平平大家都有手可以深造徒手治療，但為什麼中醫師在治療疼痛上的療效能更上一層樓，原因就是因為我們==中醫師除了能用手施行手法治療之外，還有執照能合法使用針具來配合及加強治療==，所以能更全面的處理所有筋骨疼痛的問題。

很多用針厲害的中醫師自己受傷，往往都是以針自救而不是選擇去推拿按摩，畢竟推拿按摩常常還是被歸類在保健養生的範疇，而針灸才是高效的醫療處置。

我們先來簡單談一下針灸，針灸其實是「針法」與「灸法」的統稱，「針法」即是現代中醫利用特製的金屬細針，刺入人體中穴位或肌肉筋膜中來達到治療的效果，而「灸法」是以艾草或其他中藥溫灸穴位的中醫治療方法，在古代「針法」與「灸法」常常會並行使用，故合稱「針灸」。但現代坊間或臨床俗稱的「針灸」常常都是單指「針法」而言。

中醫師常常會在臨床上以針灸的方法來處理各種疼痛的問題，是非常快速有效的治療方法，其效果也已經被世界衛生組織（WHO）給認證，許多國家都已經引進中醫針灸的治療與研究，說實在針灸的門派與理論光是在台灣就已經非常多元，但不外乎就是靠著這細細的針去引發身體變化來改善症狀來達到治療目的，在疼痛治療上，也是

靠著細針來鬆解與疼痛相關的肌肉筋膜來達到舒緩與止痛的效果。

跟徒手治療最大的差異，就是針是會刺進人體直達筋膜層或是目標肌肉的，而這些軟組織與大腦對於細針針感的傳輸與回饋會比徒手按壓來得敏銳，舉例來說，當你坐到一顆球或是坐到一根針的時候，身體一定是對於坐到針的反應最大，甚至會直接發出危險訊號而跳起來，而肌膚下的筋膜與肌肉亦是如此，我在**中醫的臨床上發現用細針穿刺進筋膜層進行張力鬆解的效率遠比徒手推按來得有效率，這也是為什麼許多的中醫師都習慣以針自救而不是到處推拿按摩的原因。**

在治療產婦產後疼痛的過程，我也常常會使用針灸來調整產婦周身的筋膜張力，許多產婦對於針灸是陌生的，常常會問會不會危險或是會不會疼痛。

現在針具跟古代比起來相當精細，針又細又滑順的狀態下，配合塑膠針管拍針刺入人體肌膚，其實頂多就像蚊子咬痠痠脹脹的，甚至有時候也不感覺到有任何疼痛，且在受過專業訓練下的中醫師，都會拿捏下針的部位及深度，避免針刺到內臟或是一些重要的神經血管而造成傷害。而在衛生上，中醫師會使用全新拋棄式的針具並進行完整的酒精消毒後治療避免感染發生。

簡單來說，**針灸在治療疼痛的臨床效果很好，且操作得當的話不太會痛，風險也不高，其實接受度是很高的。**但有一些中醫門派為了

去追求療效，在下針的過程中會透過特別的行針手法對局部做強刺激，這時候的針感所產生的痠麻脹痛可能就會有所提高。

小針刀

小針刀是中醫師的手術刀，又稱「小扁針」，專門在治療一些頑固性疼痛，其設計是融合了傳統醫學的針灸「針」與現代醫學的手術「刀」二者的特色及原理，只是將不鏽鋼細針的針尖改為刀刃狀，故巨觀看起來仍是針，微觀才看得出針尖為刃狀。針刀比抽血

傳統針灸針/圓尖頭　　小針刀/扁刃頭

用的針細多了，因為抽血針的針身會需要一個中空管徑來讓血液通過，所以較粗，針刀進針針孔非常小，幾乎看不出治療點，不會留下疤痕，故中醫也常常稱之為「微創針刀」。小針刀雖為針，但因其針尖帶刃，故可以有效的利用針刺手法，剝離肌肉、韌帶、神經和血管之間的「軟組織粘連病變」，鬆解肌肉，重新改善血液循環，恢復肢體正常的生理功能，以消除炎症及痠痛。簡單來說中醫師常以小針刀去針刺鬆解有病變的軟組織來達到疏通阻滯的效果，使氣血通暢，通則不痛。

小針刀使用的時機，通常我都會放在最後一線，並不是所有疼痛都是直接使用小針刀，換句話說，能徒手或是通過針灸解決的，就不需要使用小針刀，那我們就必須知道哪些狀況是常會使用到小針刀的時機，一般來說，小針刀的最佳使用時機是，當遇到各種慢性軟組織損傷粘連所致的頑固性疼痛，我們用白話一點的解釋，就是當你受傷的症狀拖越久，未及時處理，導致受傷部位周邊的軟組織長期浸潤在發炎組織液中，逐漸開始產生變質甚至開始蔓延，進而有鈣化、纖維化等實質性的沾黏病變時，會影響局部肌肉筋膜的滑動性，氣血便受到阻滯而產生各種慢性的痠痛，此時一些常規治療像是電療、熱敷、拉腰、滑罐、刮痧、針灸、徒手治療等處置效果有限時，就必須考慮以小針刀的治療介入。這也是新傷好治，舊病難醫的一種表現。

由於針具的設計特殊，在治療上我認為是一種微創破壞再重建的概念，讓已變質的軟組織可以在針刀鏟剝之下能重新活化後重啟循環而疏通阻滯。

　　「破」舊而立新，也符合了傳統中醫在古文中所提到的治療精神，破開後使「邪有出路」，消除局部的發炎腫脹，肌肉筋膜中的腫脹痛感便能在針刀破開後能獲得相當好的疏通與緩解。

　　針刀是中醫在治療疼痛上非常重要的利器，在治療一些頑固性疼痛時就會建議使用，但反過來說也要注意是否被濫用在一些根本不需要針刀強度的症狀治療上，使用針刀治療需要經由專業的中醫師判斷避開一些重要的內臟以及神經血管，治療的整體時間短，不需要留針，但針數與針感相對較多較重，行針的過程患者會感到痠脹痛感，但這痛感一般患者都是能接受的，臨床上我一般會告訴患者，如果你敢抽血就敢做針刀，因為抽血針還比較粗，但抽血成功的話只需要一針，針刀的下針數真的相對會多上很多，接受治療後無須臥床或特別休息，恢復期快，效果常常立竿見影。

針灸與針刀的治療效果與速度，是徒手治療難超越甚至無法取代的，這也是中醫師在治療疼痛的效果能如此卓越的原因之一，下針在表淺的筋膜可以調節肌筋膜的張力，針進體內可直達患處，處理沾黏等軟組織受傷的症狀，在徒手治療的基礎上，加上針具的輔助，便可更有效率的處理更多疼痛相關的問題，但也要注意針刀被濫用的情形，並非所有的疼痛問題都是拿針刀來解決。

Memo

Chapter 4
產後常見傷科症狀個論

產後疼痛篇章-四肢關節

媽媽手

西醫觀點

許多媽媽在產後常常會有手腕疼痛的問題，疼痛的位置通常在手腕處靠近拇指根部的位置，有時候會伴隨腫脹且無力的感覺，這個症狀便是俗稱的「媽媽手」，在西醫又稱「迪魁文氏症」或是「狹窄性肌腱滑膜炎」，好發在剛生產過後的婦女，西醫認為其原因是過度使用手腕或大拇指重複或持續抓握動作，像是抱小孩、擠奶、扭毛巾等，致使手背拇指側的支持帶增厚，壓迫到其內的肌腱與滑膜，而發生軟組織腫脹發炎，產生手腕疼痛的症狀。嚴重時會造成肌腱沾黏，大拇指及手腕活動受到限制。

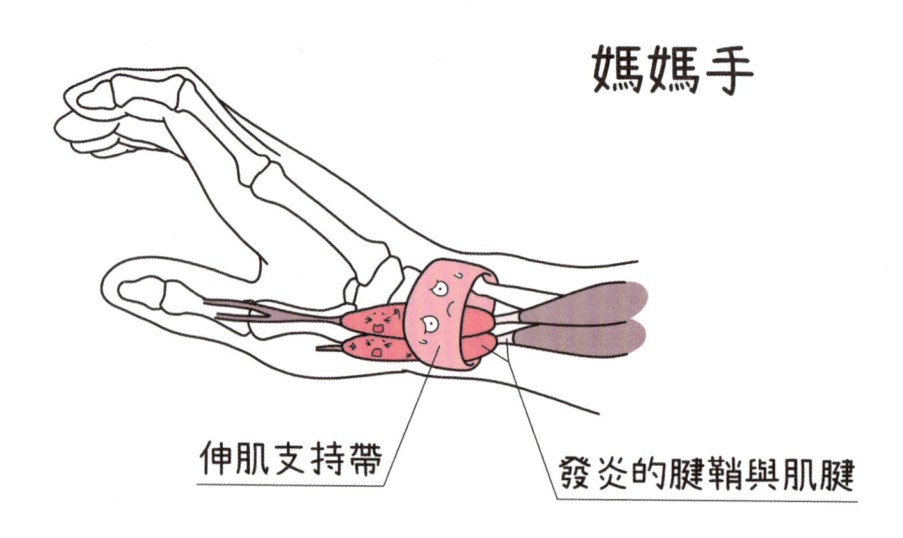

媽媽手

伸肌支持帶　　發炎的腱鞘與肌腱

中醫師來解密

關於西醫在疼痛症狀的論述中常常會有一個問題，就是總是在用肌肉發炎或筋膜發炎來敘述痛症，只要受傷了，診斷就是這些軟組織發炎腫脹疼痛，給予的治療方式不外乎就是消炎止痛藥及肌肉鬆弛劑及一些儀器復健，完全忽略掉了疼痛處除了軟組織外，亦有硬組織「骨」的概念存在，當「骨錯位」時，也就是骨關節排列不正時，相對應或是相關的肌肉筋膜可能會因此產生張力變化，變得更緊繃更容易受傷，使用上的耐受力會較一般人低得多，所以使用上的負荷閾值也會跟著下降。

我們可以想像一個身體僵硬緊繃的人跟身體柔軟的人在運動時，僵硬緊繃的人受傷的機會一定是大幅增加，這也是為什麼越是僵硬的人運動前的熱身相對重要許多。

一般「媽媽手」的醫院網路等衛教都是告訴大家，產後媽媽因為要照顧小孩跟做家事，手腕使用過度下就容易產生疼痛，聽起來貌似很有道理，但大家有沒有想過，現代的爸爸就不用照顧小孩不用做家事嗎？

仔細想想，為什麼產後的手腕疼痛會被叫做「媽媽手」，而不叫做「太太手」、「女朋友手」甚至是「爸爸手」？其原因就是因為產後的婦女特別容易有此症狀，所以用「媽媽」這個族群來命名這個疾病，而媽媽跟太太、女朋友及爸爸的差異，正是是否有經歷過

「生產」。

產後的婦女們因為生產的關係，鬆弛素上升，肌肉量下降，關節變得鬆弛，肌肉強度也相對變弱，而人的手腕內有八塊精密的腕骨，就跟手錶內的精密齒輪跟零件一樣，互相配合得以讓手腕穩固並做出各種動作，當關節變得鬆弛時，這八塊腕骨的相對位置就很有可能在不當的使用下脫位，脫離了原本的位置，也就是中醫正骨概念中的錯位，當靠近拇指側的腕骨錯位時，便會導致手腕拇指側的肌肉筋膜張力上升而逐漸變得緊繃，而肌力本身相對又不足的狀態下，就會在照顧小孩或是做家事的同時產生發炎腫脹疼痛的症狀。

而爸爸這個腳色，其實在現代也都是需要共同照顧小孩跟分擔家務的，但由於男人先天肌肉量就比女生強，加上並未經歷過生產帶來的鬆弛素及肌肉萎縮下滑的影響，爸爸手腕的耐力及穩固性就是較媽媽來得強，這也是為什麼爸爸這個族群在照顧幼兒的時期不容易得媽媽手的原因（但也不代表不會得，只是相對女性較少）。

所以其實媽媽手的疼痛症狀並不能完全推給「使用過度」這個原因，過度使用而受傷的背後仍然是因為懷孕生產所造成的關節鬆弛及肌力下滑的問題造成。

臨床上會發現，很多患有媽媽手的產婦常有的特色是手臂肌肉量小，腕關節鬆弛，寶寶又特別重，擰毛巾擰抹布喜歡擰特別用力特別乾，或是勤擠奶且一定要擠乾淨的人。絕大多數媽媽手腕痛的

位置在拇指側手腕交界處稱之為媽媽手，但其實產後手腕關節疼痛或是活動障礙並不只侷限在此處，只是最常發生在此處，原因有可能是因為腕關節錯位而造成的症狀。骨錯位造成筋受傷的概念應該要被越來越重視。

而在治療上，降低手腕局部的張力，消除發炎是治療的原則與目的，所以西醫常用的治療方式不外乎伸展、電療、熱敷、超音波、震波、類固醇等消炎止痛服用或注射等藥物。

而在我的行醫臨床經驗中，其實保守估計有大約七到八成以上的媽媽手患者，通過手腕的正骨整復調整患部的腕骨後，手的疼痛竟然可以當下立即解除，其實這也是一種診斷性治療，透過治療來證實，其實很多媽媽手的成因一開始只是因為腕關節鬆弛錯位而導致的，尤其常常是在「腕掌關節」（CMC joint）處的地方最常見，將腕關節矯正後，靠近拇指處的相關肌腱、肌肉等軟組織獲得放鬆，疼痛也就因此解除了。

而剩餘兩到三成患者常常是因為媽媽手的症狀拖太久了，沒有及時的矯正，而導致相關的軟組織在長時間的反覆發炎中產生了腫脹甚至沾黏的現象，經由腕關節矯正後，仍需實質的對患部的軟組織進行消炎、消腫與解沾黏的修復治療才會得以痊癒。而這些修復的治療在西醫就如同我上述所提的那些，而中醫則是針灸配合一些治療筋骨疼痛的中草藥膏或是貼布等等。經過治療後會緩解許多，

但一般發炎腫脹較嚴重的患者還是建議局部靜養一陣子才會消炎退腫，甚至需要戴媽媽手專用的護具來固定才能確保絕對休息與復原。

另外值得一提的臨床經驗是，媽媽手一直反覆發作的那群少數患者，基本上在醫療上也無能為力，治療好了又復發，不是因為治療沒效，是因為治療後將腕關節導正後，患者稍微使用手腕就又錯位了，臨床上偶爾會遇到這類型的媽媽，而這些媽媽都有個共通點就是手臂肌肉超細沒什麼肌肉存量，關節很鬆，會一直復發真的不會太意外，我有些這類患者後來痛到真的什麼事都不能做，大大影響生活品質，身心皆折磨，最後額外請了褓姆來幫忙照顧小孩跟處理家務，手在治療且經過絕對休息後才逐漸穩定痊癒。反思這類患者，也只能建議大家在懷孕前就應該多運動，建立良好的肌力，才

媽媽手疼痛測試
（握拳尺偏試驗）

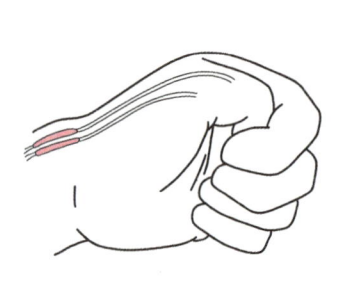

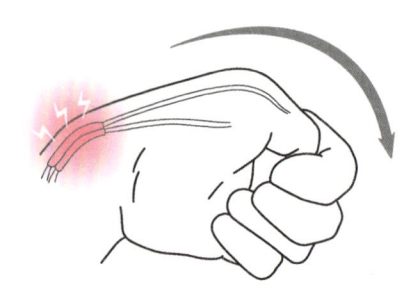

將拇指握在拳內　　　手腕向小指方向
　　　　　　　　　　下壓偏移

是最根本的辦法，不然要媽媽產後完全脫離照護嬰兒與做家務其實真的不太容易。

而關於媽媽手衛教的部分，一般我會建議那些疼痛問題較嚴重的患者在治療後的修復期可以戴上媽媽手專用的護具，固定拇指處的肌肉與肌腱來達到絕對休息的狀態，而已經產生肌腱短縮病變的患者，在復健上可以做一個手肘打直，大拇指彎曲握在掌心中，手腕彎曲向小指方向下壓的拉筋動作，也就是檢測媽媽手的握拳尺偏試驗（Finkelstein Test），下壓在略痛的角度停留約兩分鐘休息一次，一天找三個時段各做三組，自行依照嚴重度增減頻次即可。

在媽媽手的預防上，除了鼓勵女性在計畫懷孕前就多運動建立

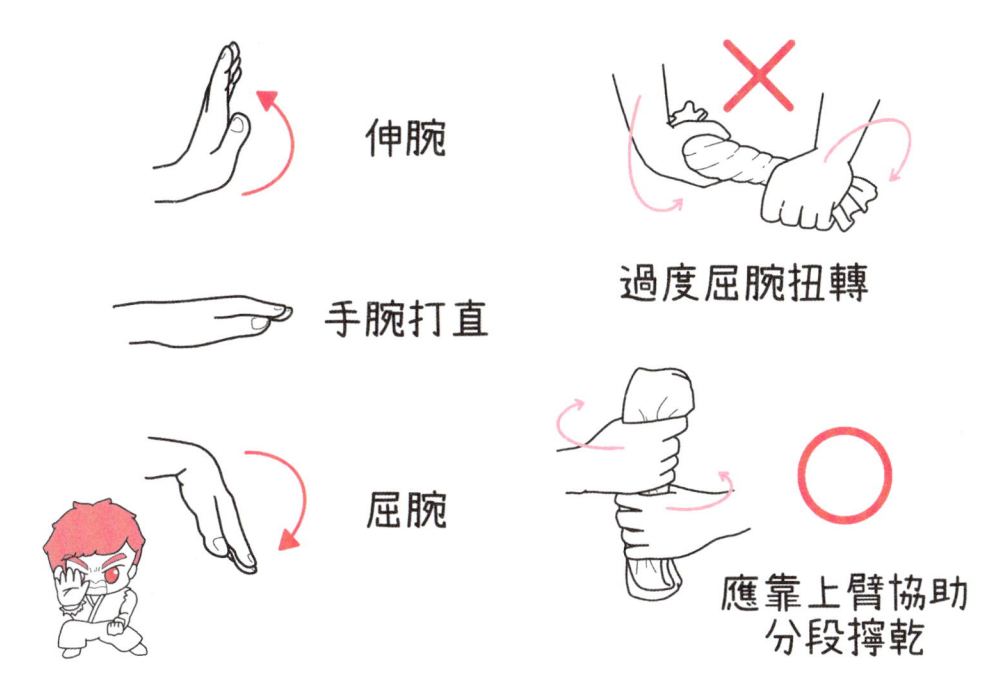

伸腕

手腕打直

屈腕

過度屈腕扭轉

應靠上臂協助分段擰乾

良好的肌力之外，產後育嬰的過程中會建議當手腕**盡量避免在屈腕**（Wrist Flexion）**時出力**，因為鬆弛的手腕在屈腕的姿態瞬間出力的時候特別容易引發腕關節錯位，換句話說，**手腕在打直或是伸腕**（Wrist Extension）**時出力是比較安全的**，同理在手腕的正骨治療中，施術者也常常會將受調者的手腕呈現在屈腕的姿態中才有辦法調動其中的腕骨。

而最常發生屈腕姿態瞬間出力引發錯位的動作常常是在抱小孩的時候或是擰抹布、轉門把等手腕動作，所以會建議媽媽們在抱小孩的時候盡量雙手腕打直環抱，避免單手抱小孩且手腕在小孩的底部呈現屈腕的角度，因當小孩扭動掙扎時就特別容易誘發媽媽手的問題。而擰抹布可以分段擰，不要想著一次擰到底而造成極度屈腕並同時出力的情形發生。

> 媽媽手並非傳統認知中「使用過度」所造成的症狀，它應該是同時因為腕關節錯位加上肌肉萎縮無力，共同造成患部張力變大加上耐受力變差而導致的發炎腫脹，治療宜正骨鬆筋，其效果立竿見影，但病程拖太久的媽媽手症狀，可能會因局部反覆發炎太久而產生局部的沾黏病變，這時候在正骨過後，必須還是要有絕對的休息並配合復健處方才能痊癒。

產後手指關節僵硬疼痛的真相

臨床上非常多的產婦在生完小孩後，會出現雙手的手指僵硬疼痛的問題，常見的特色如下：

1. 出現在雙手手指。
2. 早上起來手指最硬沒辦法彎，可能還會痛。
3. 活動一下又會慢慢好慢慢變順。

然後有些媽媽會很緊張跑去看風濕免疫科，或是被建議去看風濕免疫科，然後西醫檢查完又可能會跟你說檢查的數據沒有異常找不出原因，到底發生了什麼事？我在臨床上遇到這一類症狀的媽媽其實不少，代表這個症狀其實就是產後常見的問題，勢必跟產後的身體變化有著一定的關連，西醫檢查不出來，或給不出診斷，那就非常可能是屬於中醫的範疇了。

直接來解答這個症狀最常見的原因，**其實就是產後的氣血虧虛，氣血不通所造成的**，我們可以籠統的簡稱叫做「氣血循環變差」來解釋，臨床上你會發現越瘦弱、越沒肌肉、越不愛運動的人越有可能中獎，生完寶寶氣血變得虛弱又加上肌肉萎縮，這時候就會很容易造成人體末梢的關節循環變差，灌流不足，回流又差而造成僵硬疼痛。打個比方，當用橡皮筋把手指綁起來等到手指變白變紫的時候，你的手指會發麻僵硬且疼痛，橡皮筋趕快拔掉握一握拳頭，等氣血循環通過後你的手指又能活動自如而不感到疼痛了。

產後手指關節僵硬

　　所以其實產後的手指關節僵硬就是這樣，氣血虧虛，氣血不通，我們中醫常形容「氣」是一種身體內無形的動力能量，而「血」是我們身上所有滋養物質的代表，當「氣」不足無法推動「血」到四肢的末梢甚至有好的回流，或是同時合併「血」不足，這些滋養物質不足故無法供應四肢末端，氣血不足就像幫浦沒力或是河川沒水一樣，很容易讓末梢關節循環變差而產生僵硬、腫脹或疼痛的症狀，所以當有這些症狀的產婦在睡眠時，平躺的身體處在休眠的狀態，心搏變慢，氣血流動的也更慢，在長時間沒活動的狀態，一覺醒來，會覺得手指最僵硬，屈伸不利甚至還會感到麻木疼痛的感覺，起床活動一下後，心搏變快，甩甩手臂，握握拳，手臂的肌肉擠壓血液通過手指末梢並加速回流，症狀又會趨緩甚至消失，但隔天早上又要經過一樣的症狀輪迴，僵硬疼痛的問題又再重演一遍。

許多產婦不明白這個症狀的原因，以為多休息多觀察一下就會變好，如此大意忽視這個症狀的後果，就是有一天早上發現自己的手指突然真的打不開了，變成「板機指」了，**當變成超級難纏的板機指時才開始治療就為時已晚了，因為要付出的治療與時間成本就會大幅增加且較困難**。

　　來科普一下，「板機指」是一種手指肌腱與肌腱要通過的滑車韌帶間的沾黏性症狀，當肌腱腫脹無法通過滑車韌帶時手指就會有卡住的感覺，手指為了打開再用力一點撐開，會突然彈響一聲，手指就像扣動板機一樣會突然彈一下，所以我們稱之為「板機指」。

　　嚴重的板機指在治療上除了可能會進行類固醇注射之外，甚至可能還需要進行小手術切開一個小傷口將肌腱沾黏處撥開，或是用特殊針具將肌腱沾黏處挑開，相當難纏。臨床上類固醇也不建議連續注射，因為可能會造成肌腱脆化而有肌腱斷裂的風險。

　　雖然不是每個有這個症狀的媽媽都會演變成板機指，但我遇到惡化成板機指的媽媽不少，預防勝於治療是我認為這個症狀應該要帶給大家的觀念，別等到惡化成板機指後才四處求醫治療復健了。

　　而題外話，**純論板機指這個疾病的成因回推思考中，其實往往不一定是傳統認為的使用過度**，像是有些人發生在無名指或小指，你很難牽強去解釋什麼動作或工作會過度使用它們，甚至患者也沒特別做什麼事，有一天就發現自己板機指了，往往發生在太疲勞太累、

年紀大或是不愛運動的人身上，這個症狀跟氣血循環的關係相當密切，有些還沒發生板機指，但手指在手掌根部有痛感時，其實靠泡熱水熱敷或運動一陣子就能很有效的預防惡化而痊癒，但患者往往都會在極度惡化成板機指時才四處投醫，當實質的軟組織沾黏已發生時，就會變得很難治療了。

那關於產後手指僵硬疼痛的問題要怎麼治療呢？其實知道背後原因就很容易制定治療的方法了，而這也是中醫的強項，為什麼呢？因為對於疼痛，中藥跟西藥最大的不同，就是中藥有補的概念，而西藥絕大多數都是抑制跟消炎的概念，疼痛還用補的聽起來就很不習慣吧！就像經痛也是一樣，西醫總是開消炎止痛藥，但在中醫卻常常是用補的方式來溫通我們婦科系統來達到止痛的效果。

如前文所述，產後手指僵硬的最常見原因就是氣血虧虛不通的循環問題，所以解決方法就是補氣補血或是增加動能來打通氣血，增強循環。

方法如下：

1. 每天至少早晚雙手泡溫熱水 10 分鐘。
2. 就診中醫吃藥調理氣血、改善循環。
3. 開始建立有氧運動來增加心肺功能及改善循環。
4. 避免長時間碰冷水。（偶爾洗手就算了沒那麼嚴格啦）

（ex. 洗碗洗奶瓶用溫水或是戴手套阻絕冷水，或是叫老公洗）

以上方法持續兩週以上其實症狀會好得很快，曾經有患者告訴我，她在過年時全家出遊去泡溫泉，結果原本手指僵硬好幾個禮拜的症狀，在那幾天泡完溫泉後就全好了，這正是溫通的效果啊！

但如果這樣還不好，在臨床上我還會檢查**患者的肩臂是不是過度的緊繃僵硬，肩臂過度僵硬的人也會讓氣血較不容易流通到上肢的末梢**，所以可能要雙手泡熱水之外還需要通過針灸及整復治療來鬆開肩臂而改善循環障礙，在我的臨床經驗中，有這些問題的產婦在經過這些衛教治療後都能有顯著的改善復原，其實也就代表了原因明確，所以真的先不必急著去掛風濕免疫科檢查是否有類風濕性關節炎，因為中醫在這方面有很好的療效經驗喔！

> 產後晨起發現手指關節僵硬疼痛，甚至有打不開的卡住症狀，別緊張，先別急著掛風濕免疫科，絕大多數都是因為身體循環變差的關係，除了可以吃中藥調理加強循環，建議大家雙手勤泡熱水，生產傷口復原後能泡澡更佳，千萬別放到變成板機指了才四處尋求治療，這時候就不容易處理了喔！

產後足跟痛與足底痛（足底筋膜炎）

你聽過足底筋膜炎嗎？大部分足底筋膜炎都是過度或不當使用造成，其實產婦也是足底筋膜炎的好發族群之一，足底筋膜炎常發生的疼痛位置通常在腳跟或是足底靠近足心的地方，也就是中醫常講的足底「湧泉穴」，這類患者在<mark>早上睡起來後，要下床踩地的時候會特別疼痛，或是久站久走後會產生疼痛</mark>，有些人比較嚴重是整天都在痛，有些人只發生在單腳，有些人則是雙腳，這逐漸累積的疼痛常常會影響到育兒及生活品質。

回過頭來說，足底筋膜炎到底是怎麼發生的呢？為什麼產婦也是好發族群呢？

一般來說，足底筋膜炎是一個肌肉緊縮下的產物，<mark>疼痛的地方雖然發生在足跟或足底，但嚴重緊縮的地方卻是在小腿後側甚至是大腿後側</mark>。我們可以解釋成小腿緊是加害者（本），足底筋膜緊繃是受害者（標），如前面篇幅所述，一個較完整的治療是治標的同時也治本，標本同治。那些需要長期久站、

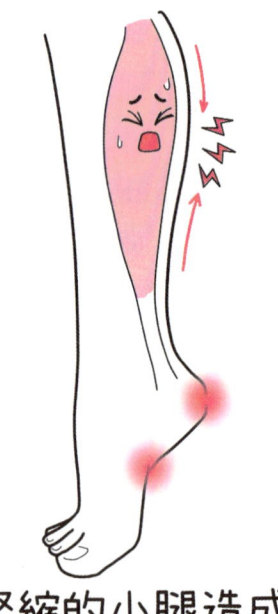

緊縮的小腿造成足底筋膜炎

久走、喜歡墊腳、常穿高跟鞋或是從事高強度的腿部運動的運動員等，都是造成症狀常見的原因，會導致腿部後側的肌肉處於一個收縮或是緊縮的狀態，久而沒拉伸，肌肉的延展性與彈性逐漸變差，腿部肌肉緊縮日益嚴重，開始罷工，這時候從小腿後方延伸到足跟及足底的肌腱跟筋膜就必須代償性的加班工作，超出其負荷的時候就產生了足底筋膜炎而導致疼痛。

而產婦為什麼會是好發族群之一呢？除了產婦在懷孕期間體重上升，足底筋膜的負荷因此大幅上升，再加上孕育期間的婦女若還是久站、久坐、少運動一族之外，時常抱小孩負重也是增加此症狀的其中一個原因，隨著幼兒的體重逐漸增加時，這甜蜜的負擔會更加重產婦小腿緊縮的壓力，而勞累以及睡眠不足也是會讓肌肉加重緊繃僵硬的惡循環。

小腿緊繃的程度與足跟或足底疼痛的程度往往成正相關，臨床上可以透過簡單的檢查去驗證這件事，請患者正趴雙腿伸直，檢查者以指深壓患者的小腿後側，一般是不會造成太多壓痛感的，但對於足底筋膜炎的患者，你可能會發現患者會有強烈的痛感甚至會有極度抵抗的反應，且你會發現**有足底筋膜炎的那側或是足底筋膜炎較嚴重的那側，往小腿下壓造成的疼痛感會相對較高**，這些都足以證明小腿緊縮和緊繃真的與足底筋膜炎有高度的正相關。

在臨床上不斷的反覆治療與驗證下，我發現與其一直針對足

跟或足底一直治療，還不如好好的去針灸以及拉伸放鬆小腿來得有效率。

所以在足底筋膜炎的衛教與治療的部分，可以分為兩部分，治標與治本，我常常會告訴患者，不是所有的疾病或症狀都完全靠醫生就會好了，臨床上有些疾病是7分靠醫生3分靠自己，有些疾病是3分靠自己7分靠醫生，醫生端就是運用一些治療方式來改善患者的症狀，患者端就是改善生活作息以及習慣並通過復健來追求康復。

足底筋膜炎治本的部分就是自己平常養成伸展小腿後側肌肉的習慣，去復健解除足底筋膜的壓力。而醫師端的治療上除了可以透過針灸放鬆腿部張力，矯正脊椎、平衡骨盆及鬆動足踝關節的手法，都是有助於小腿放鬆的方式。

臨床統計上患者自己拉筋復健放鬆的有效程度占 7 分，醫師的矯正放鬆治療大概就只占了 3 分。

生活作息上，除了請患者盡量能有充足的睡眠及適度的運動外，穿舒適合腳的鞋子也是必要的，至於到底要不要訂做鞋墊，這些林醫師都認為可以通過主動與被動的治療與復健後，若效果不彰再去考慮，不急於一時，畢竟一些專業的訂製鞋墊也不便宜。

復健的部分，林醫師會請患者多用熱水浸泡小腿，熱敷後揉按小腿放鬆小腿的筋膜與深層的筋結，也可使用滾筒輔助滾壓放鬆，再配合延展小腿肌肉，以拉筋的方式將緊縮的小腿拉開增加其延展性及彈性，在這些復健動作前先泡腳熱敷你會發現會有效許多，也不會在按壓或伸展時感到劇痛難耐。

伸展最懶人的做法就是**準備一個拉筋板放在家裡，照三餐去站拉筋板，一次站五分鐘，再逐漸調高拉筋板的角度，就可以非常有效輕鬆的用自身體重去延展小腿的肌肉**，一般市售的拉筋板也不貴，其實很適合買一個放家裡居家拉筋，全家人都可以使用，就算沒有足底筋膜炎，也是一個非常好的保健保養的拉筋神器。

林醫師因工作也需常久站、負重及墊腳，所以在家中也準備了一個拉筋板來保養及預防足底筋膜炎，除了靜態拉伸之外，配合動態拉伸其實出奇的更有效，靜態拉伸就是雙腳站上去不動，動態拉伸可以一次站一隻腳，膝蓋打直，踩上去後小腿用力撐一下拉開腿

部肌肉，再放鬆還原，反覆如此，讓小腿的筋膜可以有一個瞬間來回的延展，效果極佳，市面上有一個拉筋神器叫做「比目魚肌踩踏拉筋板」就是這個原理。

但暫時沒拉筋板的患者也不用慌，其實也可以透過踩弓箭步來達到舒展小腿肌群的效果，只是在林醫師的經驗中，單純踩弓箭步的拉筋強度並沒有站拉筋板來得強，一般網路上教的弓箭步，你踩了一下或許能暫時緩解足底筋膜炎，但踩了一陣子，你會發現怎樣都只是緩解，無法根治足底筋膜炎，其原因就在於延展舒展的劑量不夠，所以臨床上林醫師衛教都會請患者踩進階加強版的弓箭步，什麼是進階加強版的弓箭步呢？你可以準備一條毛巾捲起來或是鋪墊在書上，放在弓箭步的後側腳的腳掌前半緣，腳掌前半緣被毛巾墊起來後讓弓箭步後側腳踝的角度加大，你會發現小腿會拉伸得更緊繃，這就是提升小腿伸展劑量的一個方法，但都還不如靠自身的體重去站拉筋板來得輕鬆及方便。

弓箭步小腿拉伸一次的時間最好要超過 30 秒，一樣是在小腿熱敷後再去舒展腿部肌肉效果會更顯著，放鬆及拉伸完小腿後側肌群後，可以再立即按壓測試小腿的疼痛感是否減緩，足跟與足底的痛也可以得到立即性的緩解喔！另外復健的部分，也**非常推薦可以單純增強小腿離心收縮的阻力訓練，會更好的加強療效喔！**

除了直接治療小腿後側肌群來處理根本問題之外，當你足跟或

產後常見傷科症狀個論

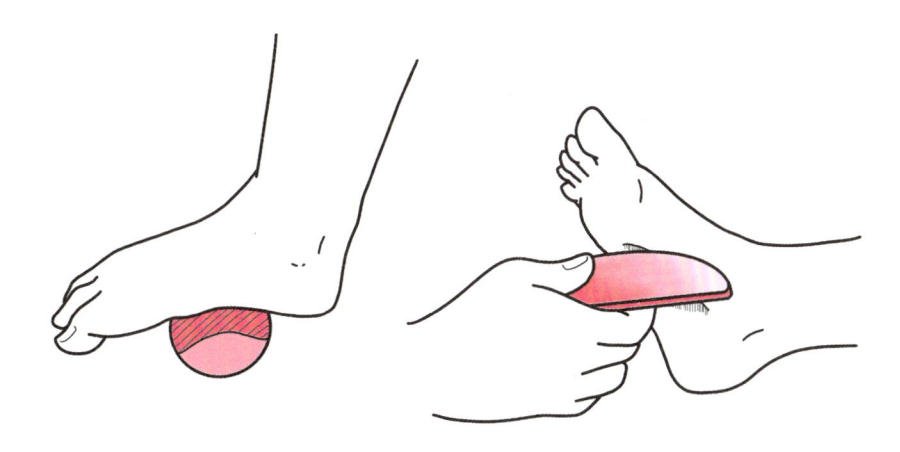

放鬆足底筋膜

足底非常疼痛時，其實通過按壓足跟或足底，或是用按摩球踩在足底來回滾動放鬆都可以獲得暫時性的緩解。

但這邊需要提醒，若**足跟或足底長期反覆發炎，足底筋膜或足跟的脂肪墊可能會開始鈣化或纖維化來硬化保護自己，這時候可能就會需要透過更進一步的治療去解除**，臨床上常遇到患者會去做針灸、針刀針刺治療，或是打震波，甚至患部的增生注射治療。

其實我通常會在患者選擇這些較進階、較疼痛、較侵入的治療之前，先用最緩和最簡單的方式來讓患者保守自我治療，你可以準備一個刮痧板及潤滑乳液，先以熱水泡腳軟化足底筋膜後，趁熱上乳液，再以刮痧板由淺至深逐漸推開、刮開足底筋膜，來回刮的過程中往往會感受到足底筋膜有非常強烈的顆粒感，順開和刮開這些

顆粒後，你會發現足底變鬆了疼痛也緩解許多了，再配合前述標本同治的方法，足底筋膜炎就不容易復發且得以逐漸痊癒喔！

　　臨床上我的足底筋膜炎患者，通過以上的建議及復健治療，都能獲得相當大的改善甚至痊癒，但一樣仍須提醒大家，新傷好治，久病難醫，當你有感受到足底疼痛的症狀時就該及時拉伸小腿做保養及保護了，也是有遇到足底筋膜炎好幾年的患者，年紀相對大的治療效果也就都會有其限制了！治療後避免久坐、久站或墊腳穿高跟鞋，多運動、多睡眠，減脂降低體重都是需要改正的日常生活習慣喔！

> 　　足底筋膜炎的疼痛常好發在足跟與足底，絕大多數的成因都是因為小腿緊縮造成的，所以在治療上比重應該多放到小腿的放鬆跟拉伸為主，除了可以針灸小腿，更重要的是請患者勤泡腳，並配合拉筋板或是小腿的動態拉筋的復健處方，就可以很好的解決這個惱人的症狀。而小腿復健的部分可以單純增強離心收縮的阻力訓練會更好的加強療效喔！

產後膝蓋無力疼痛

　　臨床上常常會遇到產婦的主訴是產後常常覺得膝蓋無力疼痛，在坊間還有一些傳統中醫的認知上會告訴你，產後的「腰膝痠軟」多是屬於「肝腎不足」，所以解法要補肝補腎，坊間常見的「杜仲茶」便是為此設計而來的，而這觀點完全只按照了中醫內科的經驗及論述來分析而已，完全忽略了外科的範疇，所以**在臨床上你會發現有許多人補了半天症狀改善不多或是改善有限，甚至吃補太多、吃補太久而補上了火，不可不慎。**

　　其實「腰膝痠軟」與「肝腎不足」較常發生在房事過度或是老年人的身上，說穿了就是屬於一個退化的表現及症狀。「不足」就是「虛」，而「虛」是因為「消耗」太多造成的，確實，肝腎的氣血在產後會有相當的消耗，而造成像是房事過度後的那種膝軟無力的感受，但臨床上我**發現影響產婦膝軟無力甚至疼痛的問題，更多的其實是大腿的肌肉萎縮所造成的。**

　　如同之前的篇幅所提到，當我們孕前本就沒有運動習慣，孕期活動量下滑，久坐久躺的狀態下，大腿的肌肉量勢必會跟著下滑萎縮，尤其是大腿前側的「股四頭肌」。

　　「股四頭肌」是我們人體保護膝蓋最為重要的腿部肌群，我們可以這樣說，**有健壯的股四頭肌，幾乎可以確保你的膝蓋一生平安，**

很多中老年人的膝蓋退化問題，其實幾乎都跟股四頭肌的萎縮有很大的關係，所以臨床上我遇到膝蓋無力疼痛問題的患者，我一律都會先檢查股四頭肌的精壯度看看是否萎縮或是不平衡，如果大腿前側的肌肉按壓起來消瘦無力，那你就算吃再多的補藥或消炎止痛藥、注射再多的保養、潤滑、增生等藥劑在膝蓋內，甚至就算去開刀換人工膝蓋，結果都有非常大的可能是無濟於事的。

因為有健壯的股四頭肌，才能穩定及共同支撐我們的膝關節，維持膝關節內的空間，避免膝關節內的軟骨磨損塌陷並保護十字韌帶，試想你如果不把萎縮的股四頭肌給練回來，沒有肌肉的支撐與穩定，不停的吃藥或是尋求注射治療，要如何解決根本的問題呢？開刀後沒有精壯的股四頭肌，甚至術後還要躺床讓傷口復原，減少活動的狀態下大腿萎縮得更厲害，你真的認為開刀會有用嗎？

一般產婦主訴膝蓋痠軟無力，但有多少人會將無力跟大腿肌肉萎縮聯想在一起？絕大多數都想靠休息或是藥物調養來被動輔助康復，這就是大環境下刻板觀念及衛教資訊不足所造成的遺憾，主動運動找回健康的身體明明是最簡單的捷徑，但可能現代社會原本就有運動習慣的婦女本就不多，產後在後援不足，時間缺乏的狀態下這些亞健康狀態可能不會漸入佳境，還會逐漸加重退化，反過來說，臨床上你會發現，那些原本就有運動習慣有在練腿的婦女，生產後就幾乎沒有膝蓋痠軟無力或是疼痛的問題，膝關節的保護力及支撐力夠

產後常見傷科症狀個論

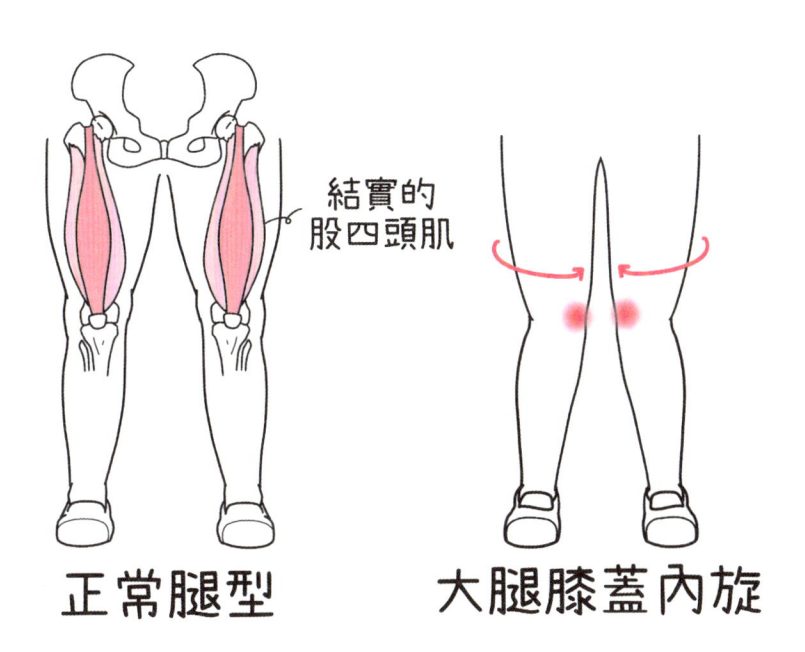

正常腿型　　　大腿膝蓋內旋

結實的股四頭肌

強，就算持續抱嬰兒負重也都能處之泰然。

產後膝蓋疼痛無力的問題，除了「肝腎不足」以及「股四頭肌萎縮」兩個原因之外，其實也脫離不了產後的骨盆角度改變所致，臨床上你會發現，絕大多數的產後婦女，膝蓋若發生疼痛，其位置多半是在膝蓋的內側及內緣，有些人是發生在單邊，有些人是發生在雙邊，而發生在雙邊的人可能會有一邊膝蓋疼痛比較嚴重，一邊膝蓋相對輕微。

其原因正如前面篇幅所提到的，當我們孕期腹中胎兒逐漸變大時，孕婦的腰部生理曲線隨著肚子漸大而逐漸向前拱，而骨盆角度就因而逐漸向前傾斜，當骨盆前傾發生時，我們的大腿骨會因為骨

盆前傾的結構變化而向內旋轉，大腿骨內旋的最後結果就是我們常聽到的 X 型腿，這時候膝蓋會處於不穩定的狀態，而加重膝關節的壓力，孕期產後如果體重上升過重加上大腿肌肉萎縮無力，且產後還要持續照顧越來越重的幼兒，就可能加速膝關節的退化及磨損而產生緊繃疼痛，而那些**單邊膝蓋較痛的患者，臨床上若仔細去檢查雙邊大腿的腿圍，你會發現疼痛較嚴重的那條腿的腿圍數值測量結果會相對比較低，也就是萎縮的較多**，所以保護力及支撐力較差，疼痛感也會相較嚴重。

仔細想想，那些被傳統中醫認知為肝腎不足的產婦，理應雙邊膝蓋要對稱無力疼痛，但臨床上產婦的腰膝痠痛無力常常是不對稱的，而這結果也正好解釋了此症狀發生原因不是單一的，而是多重原因共構的結果。

而我認為臨床經驗總結下，其實訓練股四頭肌，恢復大腿應有的肌力才是占整體治療的主要方法。但基於人的惰性及缺乏後援及時間的狀態下，要那些沒有運動習慣的產婦復健及運動真的需要很大的決心及毅力。

再來提到治療與衛教復健的部分，既然已經知道原因了，在臨床上，我除了會開立一些補肝補腎的中藥給予患者服用補筋骨之外，還會透過針灸以及整復手法矯正脊椎骨盆，調整恢復結構的角度改善膝關節的負重分力來減輕壓力，最後最為重要的就是衛教患者如

何增強大腿前側股四頭肌的力量來保護膝蓋並改善無力的症狀。

一般我會先區分患者是後援強勁還是後援不足的狀態，因為事關只能在家運動還是能外出健身房找輔助器材鍛鍊，若後援強勁可以外出，當然是建議找個健身房全身都運動一輪，並加強腿部的屈伸重訓，**大腿的肌肉訓練可以簡單分為向心伸縮以及離心伸縮訓練，也就是屈腿負重及伸腿負重訓練**，基本上在健身房，只要使用兩種器材就能簡單有效且快速的鍛鍊到我們的股四頭肌，「腿部伸展機」如圖便是訓練向心伸縮的肌力，而「腿部推舉機」如圖則是拿來訓練離心伸縮的肌力，並且可以同時訓練到我們大腿後側的肌群。而這兩種健身器材在腿部動作還原時大腿肌肉的收縮方向則是相反。

但若後援有限只能在家裡自我訓練的產婦也不要放棄，我們可以簡單準備一對「綁腿沙袋」，依照能力找單邊重量 2-3 公斤的綁腿

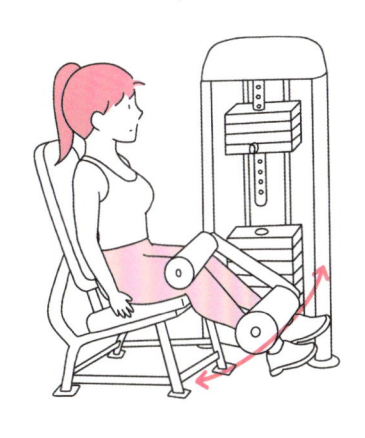

腿部伸展機 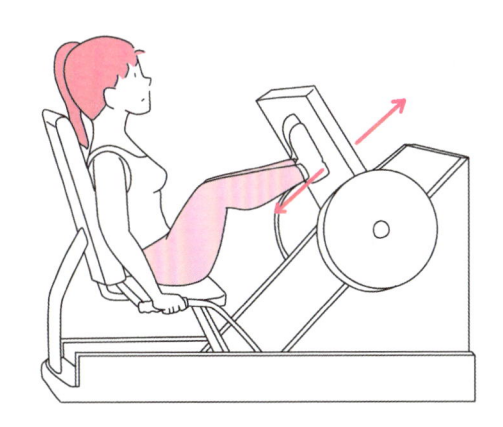　　　　　　　腿部推舉機

訓練沙袋，坐在床邊或椅子上做向心伸縮的抬腿訓練，而離心伸縮的訓練也非常簡單，找面牆做靠牆深蹲，此時牆邊屁股下可以準備一張凳子，避免那些過度無力的患者跌倒時下方有椅子承接，或是蹲太久無力站起時可以直接坐下休息，而那些較有力的患者可以直接深蹲不需要靠牆分擔重量。

而這兩組動作的訓練頻率，**我會推薦好記的「在家333原則」，一天找「3」個時段做訓練，一個時段做「3」組，一組做「30」下或是維持「30」秒。**

這些訓練不但適合產婦也適合非常多有肌少症的長輩們施行，較無力或較年長的患者撐不住三十下或三十秒可以自行做增減來慢慢設定目標。

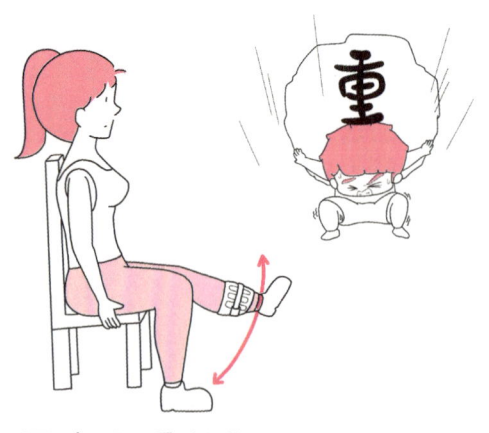

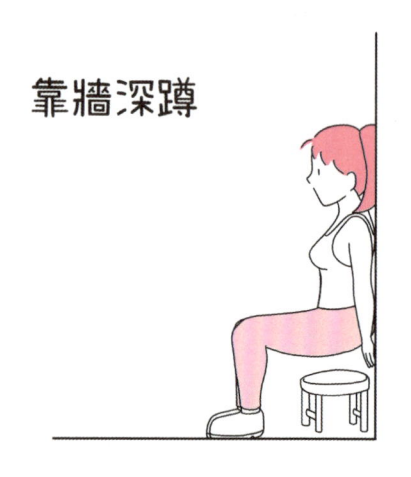

居家負重抬腳

靠牆深蹲

俗話說：「樹老根先枯，人老腿先衰。」大腿是人體最發達的肌肉群之一，練好大腿肌肉，不但可以增加基礎代謝，還可提升增肌減脂效果。腿部肌肉對於全身的協調有非常重要的作用，人體的重量非常需要仰賴強勁的腿部肌肉來支撐。

股四頭肌不但是負責我們走路、上下樓、起立蹲下等動作時的主要力量，還負責我們膝關節的穩定性，尤其是髕骨和膝關節前後向的穩定性。

想要有健康的身體及讓膝蓋可以用一輩子不要置換，真的建議大家不管是不是產婦，即刻起就要開始照顧股四頭肌的力量，越晚開始訓練可能傷害已造成，因年齡漸長，肌肉也流失較快不易成長，預防醫學的精神就是從現在開始做起，遲到總比不到好，不可不慎，望周知。

而那些尚未懷孕的婦女們或是打算再次懷胎的媽媽們更建議大家即刻開始訓練喔。

> 產後絕大多數的膝蓋無力疼痛是來自於大腿肌肉不足，肝腎不足並非主因，服用再多的補藥都不如認真去訓練大腿的肌肉，且大腿肌肉是否強壯可以非常客觀的觀察出來，訓練好大腿除了可以增加代謝，也可以很好的保護膝關節，避免未來退化磨損需要換膝蓋，持續鍛鍊也可以避免未來肌少症帶來的危害。

產後疼痛篇章-上半部軀幹篇

產後肩背痛

　　產後肩背痛通常相較於腰臀痛來說，發生率與嚴重程度來得較低，較少像產後腰臀痛會產生僵直痛感，其原因是身體的骨架越往下半身越需要支撐身體越多的重量，尤其是在大孕肚時期，腰臀受到的壓力總是遠比上半身來得多，所以通常媽媽在產後以及育兒生活中，多數抱怨都還是以肩背僵硬痠痛為主，但長期的肩背僵硬下，還是有可能導致許多更嚴重的症狀與問題，不可不慎。

　　這邊我們再來複習一下，婦女在孕期的過程中，因孕肚逐漸變大，腰部的脊椎生理曲線逐漸向身體前側拱，此時背部的胸椎生理曲線就會代償性的向後駝來保持身體的中線平衡，而在產後育兒的過程中，若是仍缺乏運動復健，恢復背肌力量的話，在抱小孩、換尿布、洗奶瓶、幫小孩洗澡等等生活勞動日常下，更會定型或是加重媽媽們駝背與圓肩體態，**背肌無力再加上肩背部的肌肉筋膜長期處在被拉長的姿態下，就會產生「本虛標實」的症狀結果，「本虛」所指的就是背肌虛弱無力的根本原因，而「標實」所指的即是肩背部的肌肉筋膜為了保護自己逐漸硬化失去活性的一個結果。**

　　所以有這類問題的患者，其實還是老生常談，如果一直到坊間對著肩背撥筋或按摩，推拿師傅總是會跟你說你的肩背緊繃僵硬，

一定要按開推開才會好,但你會發現按完的當下或許真的會有麻痺放鬆的感覺,但如果按得太深、按得太重,**本來就是「本虛」的無力問題,結果按完肌肉因受到強制擠壓更無力,而過度用力揉按的過程中使肌肉筋膜受傷而繼續累積「標實」硬化的結果**,以上總結起來豈不是更加重問題本身的嚴重性嗎?

所以任何的推拿按摩,按照臨床經驗,我一向主張輕柔為主,像是可以舉例「油壓」為代表,除非你的治療師真的非常了解真正緊繃、緊縮的肌肉筋膜的位置在哪裡,不然一味地往痛點按壓,沒效就算了,但往往加重病情而彼此卻常常渾然不知,而輕柔的油壓主要目的也不是為了壓鬆緊繃的肌肉,而是可以推開局部慢性發炎的代謝物質,以達到促進循環緩解痠痛的目的。

但總是有一群人吃重口味的指壓撥筋很久了,要他們改成油壓舒緩他們已經覺得毫無感覺,原因是其表層的肌肉筋膜在惡性循環下,已失去它表層的活性跟正常的循環,油壓下去什麼都推不開,其實嚴格來說不是推不動「循環」,是沒有「循環」可以推動,所以唯有更重的按壓才會讓這類人感到有被「治療」的感覺,這類人通常因為肌肉筋膜已經嚴重硬化了,肌肉太硬讓關節的活動度及可動度下降非常多,所以在正骨整脊的治療中也常常受到限制,非常難纏,最後頂多就只能用針具才可以舒緩改善其不適,但**真正想要逆轉,除了養成正確的運動習慣並持之以恆,別無它法**,但能聽進去

並能堅守執行的患者又有多少人呢？

小故事

　　我曾經有個患者，是某知名連鎖咖啡廳的主管，年紀約 35 歲上下，主訴肩背僵硬疼痛多年，症狀嚴重甚至影響到睡眠，才 30 多歲，沒想到在治療床上，身體僵硬到關節完全拉不開，無法執行正骨治療，患者說她因為是主管職，有很大的工作壓力，然後每天要久站還要搬很多重物，咖啡豆、牛奶之類，但近幾年真的身體越來越差，身體僵硬到按也按不開，所以前來求診，這個歲數完全整不動的嚴重性在我告知後，患者接受了我運動配合治療的建議，我問她會不會游泳，她告訴我她以前是游泳校隊，聽完我心中感慨許多，出社會工作後竟然能讓原是游泳校隊的隊員身體僵硬到如此，但也替她開心，因為游泳是她的強項，所以她的症狀只要去游泳一定能解，果不其然，經過一個月的游泳復健，患者自我鬆化肌肉僵硬的限制，突然全身的關節都能整動了，肩背的柔軟度以及身體不適的症狀幾乎全數恢復，我與患者都為此非常的開心，後來為了身體健康，我的這位患者辭去了現有的職務就轉換跑道了，後續回診身體也都能維持不錯的狀態便治療畢業了。

小故事

　　我曾有推拿業的患者與同學和我分享，對於客戶，他們比較偏好重壓而不是油壓，但他們明明知道油壓的感受比較舒服也較有效，油壓的對象甚至許多業者都會限制女性並排除男性，其原因除了男性客戶多喜重壓之外，對於業者的體力損耗，其實油壓會來得比重壓辛苦許多。

　　因為在施行「重壓」時，業者可以用身體的重量直接毫無保留地靠在客戶的身上做停留或是來回撥動，相對有支撐且省力。但「油壓」卻只能靠上半身或是純手臂來發力，力量深度必須控制在固定的深淺處來回滾推，這時候為了維持固定的滾推深度，業者就必須靠自己的核心力量來支撐自己的身體去協調發力，而男生的肌肉較粗較硬，業者發力上就需較大也會較累，而女性的肌肉較細較軟，業者在油壓時就能較輕鬆且可配合一些精油或是相關的輔助項目來達到有做 SPA 的尊榮感。我想這也是坊間重壓比例多於油壓比例的原因之一吧。

> 產後的肩背痛，通常都是來自於駝背圓肩的體態，肩背僵硬會引發的症狀不勝枚舉，失眠、頭痛、胸悶等症狀常常是源自於此，非常不建議大家常常去做高強度的肩背指壓，那可能只會讓肩背的症狀越來越嚴重，矯正體態並配合運動伸展才是解開石頭肩背的不二處方。

產後肋骨痛

臨床上有一部份產婦，在產檯上生完小孩後，會自覺胸前下肋骨處，也就是脅肋的地方感到非常疼痛，我在門診中遇到這一類產婦，都會有很雷同的主訴過程，幾乎都會告訴我，她們是**在生產的當下，護理師在助產的時候，幫忙壓肚子跟推肚子**，結果發現生產過後感到**某側的肋骨前外緣異常疼痛**，往往在深呼吸、咳嗽、大笑，甚至是在左右轉動身體的時候會引發更劇烈的疼痛，重則無法自行躺床或翻身起身，需要攙扶。

而這些產婦來到診所找我治療時，很常會不約而同的帶著自己的肋骨 X 光，在西醫的臨床評估幾乎都是疑似肋骨骨折或肋骨斷裂，而其實細看這些 X 光，如果患者沒有自述被推肚子和壓肚子後產生肋骨處疼痛，其實你很難會去懷疑一些肋骨轉折處的不連續陰影是否有骨折，骨折的證據相當的模糊且薄弱，**翻開患者疼痛的部位附近，也都找不到一些骨折該有的瘀血沉積在皮膚**，所以也只能給出疑似肋骨骨折的評估與建議。而一般例行的醫療與建議基本上就是給予一些消炎止痛的藥物，並衛教靜養等待骨折處自行修復，但臨床上你會發現很多產後媽咪苦苦等待下還是等不到復原痊癒的那一天，四處就醫求診，但

產後肋骨痛

很多治療者一聽到可能是骨頭斷裂，很常也不敢貿然出手或是就直接拒絕治療，同樣建議被動靜養最為保險，很多產婦因此與疼痛伴隨許久，並且還可能因此消耗與流失了許多照顧與陪伴新生兒的美好光陰。

與西醫的觀點不同，在我多年與長期的診療產婦經驗當中，其實產婦在產後產生肋骨痛的原因絕大多數都不是因為肋骨骨折，首先，肋骨真的沒那麼容易骨折，我想也沒有護理師真的會故意用會造成骨折的力道去推擠產婦的肚子來助產，**疑似肋骨骨折的診斷只是一個先射箭再畫靶的結果而已**，產婦在被壓肚子後覺得肋骨異常疼痛，不當的擠壓造成肋骨斷裂被當作合理的懷疑，X光的影像學檢

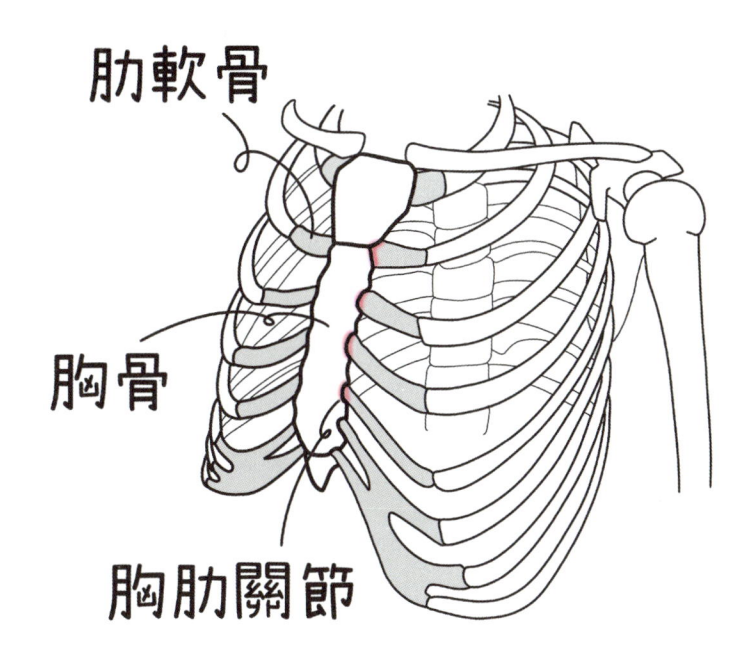

查便在疑似受傷的肋骨轉角處找疑似異常的不連續陰影痕跡，最後再給予疑似肋骨斷裂的診斷。

至於如何去推翻這個疑似肋骨斷裂的診斷，其實也是透過診斷性治療，透過治療的回饋來確立診斷，我在龐大的傷科門診經驗中，不乏遇到許多車禍撞擊，運動傷害，甚至是因為一些劇烈咳嗽等所造成的前胸肋骨下緣疼痛，其痛法跟症狀敘述與產婦的產後肋骨疼痛幾乎一樣，試想除了車禍撞擊，運動傷害與劇烈咳嗽要造成肋骨骨折的機會到底有多大，而那些車禍撞擊的患者自述受傷過程時，也常提到明明就沒有直接撞到肋骨，為什麼肋骨處會有這樣疼痛的表現。

其實這些非常相似的案例確實都不是因為肋骨骨折所引起的疼痛，而在==我的臨床經驗與觀察中，這些問題可能都來自於「胸肋關節」錯位所造成的==，這邊的胸肋關節並非人的背後胸椎與肋骨的關節，而是胸前的胸骨與肋骨連接處的關節，這些關節很有可能因不當的外力或是自身肌肉的瞬間收縮而導致錯位，骨關節錯位的狀態下，就會讓鄰近相關的肌群，像是胸肌或肋間肌等，處在一個緊繃或是張力過大的狀態下，而逐漸形成腫脹疼痛，如果進行深呼吸、大笑、咳嗽等動作，只要牽拉到相關肌群，便會加重疼痛的感覺，這種骨關節錯位造成的肌肉筋膜腫脹疼痛，中醫師常常藉由復位關節，當下立即解除疼痛來證實這項診斷。

在我的門診當中，遇到這類症狀的產婦，在詳細的病史蒐集與

X光對照確認無明顯斷裂證據後，我們可以藉由正骨手法，先去復位胸骨與肋骨的關節面，把可能錯位或是稍微翹起來的肋骨頭端給敲回去或按壓回去，讓胸肋關節重新對位，通常這時候請患者起身測試看看，其症狀與疼痛就能明顯消減數成，但由於這類患者通常症狀都已拖延許久，所以有一些累積性的軟組織發炎腫脹，我們還是要透過中醫師最擅長的武器「針灸」，下針來解除局部的軟組織張力與疏通腫脹，這邊必須嚴肅地提醒大家，==前胸與肋骨處的針灸其實非常危險，因為人的肺臟就在下針處的正下方，稍不注意就可能造成氣胸，不肖的醫者可能也會有性騷擾的疑慮，所以此類治療務必謹慎選擇非常有經驗的醫師，並要求有同性助理或家人從旁協助。==

而在經過正骨復位與針灸治療的產婦，在我的治療經驗中，治療完的當下請她們馬上起身活動，深呼吸與咳嗽並轉動身體，其肋骨處的疼痛感往往可消失一大半以上甚至完全痊癒，一些活動困難的患者也常常變得活動自如了，效果就是如此的立竿見影，這也證實了此症狀並非肋骨骨折的診斷，正所謂「骨正筋柔、氣血自流」，讓疼痛明顯消失便是這個道理。

而那些仍剩下一點疼痛的產婦或患者們也不用太擔心，這些剩餘疼痛才是真正經過休息會自己逐漸痊癒的症狀，通常我會衛教患者，經過有效治療後，回家可以多做擴胸時深呼吸的復健運動，深吸氣到肋骨微痛的進氣量並停住約莫10秒上下，配合熱敷或泡澡，

增加患部氣血循環，都可以更有效更快速的解決這些腫脹未消所遺留的餘痛感喔！

> 常有產婦在產檯被護理師推肚助產後，產生了肋骨處疼痛的症狀，深呼吸、大笑、咳嗽會引發劇烈疼痛，常常會被懷疑是肋骨骨折，在臨床的經驗上，發現通常都只是肋骨關節被壓歪錯位了，利用針灸與正骨手法，鬆化相關緊繃腫脹的軟組織並復位關節，治療效果往往立竿見影。

落枕

落枕是中醫的慣用病名，在古代被稱為「失枕」，西醫稱為「急性頸椎關節周圍炎」、「頸部肌肉扭傷」，是現代人常有的文明病，在缺乏運動以及工作姿勢維持太久的狀態，常常會引發肩頸僵硬的問題，往往在睡一覺起來後，發現肩頸的活動度受限，無法順利的將頭轉向，一旦轉動脖子到特定的角度或姿勢便會引發劇烈的疼痛，嚴重甚至會影響到日常生活。臨床上你會發現，產婦也是落枕好發的族群之一，在懷孕及產後的育兒過程中，睡眠不足以及缺乏運動之下，媽媽們的肩頸逐漸僵硬，肩頸之中的肌肉筋膜互相代償，互相緩衝的能力逐漸下降，各個肌群與軟組織之間都自顧不暇了，想想看還能分擔別人的工作嗎？

育兒抱小孩的過程又會讓肩膀延伸出去的手臂及胸前的肌群越發緊繃緊縮，在夜間睡眠時就有可能因為躺姿不良或是姿勢維持過久而導致特定的肌肉因張力過大無法負荷而開始腫脹發炎，便形成了落枕。

輕微的落枕可能透過休息熱敷以及適度的伸展就能逐漸自我痊癒，但**嚴重的落枕可能過了五天依然疼痛，沒有及時就醫找到對的處理方式，甚至可能最後還會演化成肩膀抬不起來，最後因不斷反覆發炎，逐漸沾黏變成五十肩，不可不慎。**

過度的「筋緊縮」，就要考慮到造成「骨錯位」的問題，當較嚴重的落枕發生骨錯位，其實就必須透過鬆筋正骨來還原肩頸相對平衡放鬆的結構，嚴重的落枕其實概念就跟「急性閃到腰」的概念非常相似，曾遇到不少患者落枕後，每每睡眠起身時會發現肩膀完全不能動，活動一下，熱開又會好一點，但一旦姿勢維持太久又會迅速腫脹疼痛起來，勢必跟腰痛篇章所述的「循環」問題脫不了關係，臨床上會發現大家的警覺性不高，也沒有積極處理下最後演變成五十肩的案例實在不在少數，而這類患者在臨床上我也不建議硬推硬按，處理原則應該要像本書腰痛篇章一樣，**要先以「抑制發炎，疏通發炎」為原則，千萬別硬整，硬整只會更痛或是腫脹得更厲害，**而中醫師最拿手的就是透過「針」，先從手的末端一路調鬆筋膜直至肩頸，肩頸最常需要考慮的緊縮肌群是「胸鎖乳突肌」以及「斜

角肌」，放鬆能放鬆的肌肉筋膜後，頸椎與胸椎之間的空隙會被製造出來，當你發現患者的頭較能轉動時，這時候再來正骨，便能將錯位的結構給予臨門一腳，以達到根治嚴重落枕的目的，避免留下後遺症，畢竟五十肩已經算是實質性的結構沾黏的問題，一旦發展成五十肩，在復健的路上可能會因為嚴重程度以及體質的關係變得又臭又長……。

> 落枕的症狀有輕有重，輕者通過熱敷休息就會自己痊癒，重者局部腫脹厲害，拖久了甚至還可能會引發肩關節障礙，不斷的發炎之下還有可能造成沾黏性的五十肩，除了平日要養成良好的運動習慣預防落枕之外，我們一定要小心在嚴重的落枕還沒引發肩關節障礙之前，就要就醫鬆開肩頸的軟組織並復位錯位的頸椎或是其他的關節！

烏龜脖/富貴包

　　烏龜脖顧名思義就是像烏龜的脖子一樣總是喜歡往前伸長，探頭探腦的樣子，也是現代人常有的文明病，脖子向身體前方過度伸長，便是我們在西醫中所稱的「上交叉症候群」，好發在常常低頭滑手機或是需久用電腦的上班族身上，整體來說，不良的姿勢以及缺乏運動的鍛鍊下，你會發現，肩頸的肌群將頭往前拉的整體合力矩會逐漸大於向後拉的合力矩，負責向前拉的肌群像是胸肌以及肩頸上的肌群呈現緊縮的狀態，而負責向後拉的深層頸部肌肉以及下背肌肉因無力而被拉長，最後頭向前傾的狀態就是我們俗稱的烏龜脖，而烏龜脖的狀態與駝背並行久後，人體的第七節頸椎，也就是俗稱的「大椎」會往身體後方越發嚴重凸起，而周遭的筋膜與肌肉

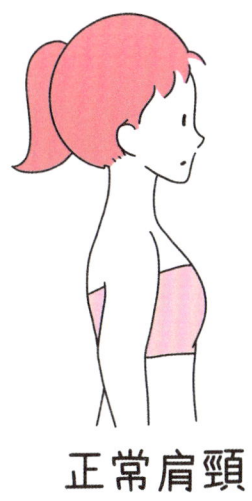

正常肩頸　　　　富貴包

上交叉症候群

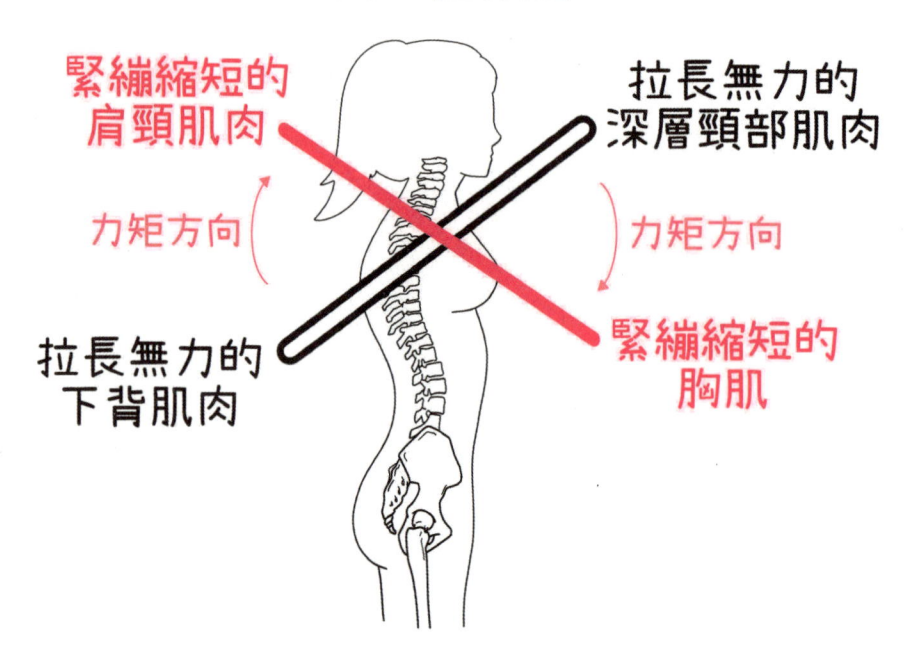

緊繃縮短的肩頸肌肉 力矩方向

拉長無力的深層頸部肌肉 力矩方向

拉長無力的下背肌肉

緊繃縮短的胸肌

就會長期處在一個慢性發炎的狀態，而逐漸引發沾黏與軟組織硬化，硬化的軟組織覆蓋在凸起的大椎後方，逐漸形成一個腫包，俗稱叫做「富貴包」，但富貴包其實一點都不富貴，據傳只是因為傳統富人家體態多為肥胖，許多人皆有此腫包，因此認為是富態的形象，故以較吉利的詞彙來命名。

而許多產婦除了原先可能就因職業病的問題，更可能因孕期的過程脊椎的生理曲線變化而加深加重上交叉症候群而導致逐漸產生烏龜脖與富貴包的症狀，這類患者除了從肉眼上可以看出頸部後方

有一坨腫包之外，最常見的其他主訴是患者會告訴你，她不喜歡正躺，正躺的時候一定要雙手舉到頭上才會覺得睡姿舒服，或是因頸部的曲線改變太多所以沒辦法睡低的枕頭，常常睡到一半就覺得手麻，**除了媽媽們最在意的美觀問題，其實嚴重的富貴包除了會讓你常常覺得肩頸痠痛之外，結構的變形以及軟組織的增生硬化可能還會導致神經壓迫而產生手麻的問題**，一直都不去處理，最後可能還是難免於開刀的風險，不可不慎。

在臨床上，我調整過許多富貴包的患者，基本上富貴包在越年輕的患者身上越有逆轉的空間，當年紀過了一定的歲數，其實能改善的幅度就不多了。

畢竟這是一個累積性的症狀，加上年輕患者經過衛教，能改善平常錯誤姿勢以及較能接收復健指令的機會較大，在治療端，醫師能透過正骨來矯正駝背以及拉直頸椎並矯正錯位，並透過針具來鬆解硬化的肩背部軟組織，來改善富貴包的問題，而患者端的復健運動也相當重要，很多患者都會告訴我他常常會以背靠牆收下巴希望

收下巴阻力訓練

來達到改善烏龜脖、富貴包的症狀，但其實復健光是靠意識來做姿勢維持是遠遠不夠的，一定要加上「阻力」，**收下巴的動作加上阻力才能真正訓練到我們造成烏龜脖、富貴包弱化的肌群**，弱化的肌群逐漸強化後，在平常便能不用刻意就能將頭自然維持在正常的位置，而收下巴的阻力訓練，一般我都會建議患者準備一張最輕量的彈力帶，彈力帶可以藉由對折來控制磅數，對折到適合的磅數阻力後，可以面向牆壁，雙手握住彈力帶的各一端並環繞頭部枕後耳朵上方，雙拳小指側貼牆固定不動拉穩彈力帶，頭頸做一個收下巴的姿勢，將頭水平地面向身體後方位移，過程中避免抬頭或低頭，眼睛維持平視正前方，定速定量向後收下巴後再將頭緩緩回到原本的位置，如此反覆循環，一次做 30 下，一個時段做 3 組，一天找三個時段來做復健訓練，並配合定期的中醫整復治療，持之以恆，就能跟富貴包說再見囉！

> 烏龜脖與富貴包是一種累積的慢性症狀，在不良的姿勢與缺乏運動鍛鍊的狀態下會逐漸加重，嚴重者遲早有一天頸椎會壓迫神經而走向開刀之路，所以我們應該盡早透過有效的治療與復健訓練來逆轉這樣的「上交叉症候群」，別等到富貴包長得很大顆的時候，產生了不可逆的變形與壓迫那就無力回天了。

膏肓痛

膏肓是中醫的一個穴道的名稱，而膏肓痛是指兩側肩胛骨內緣和脊椎之間的疼痛（如下頁圖），好發於年長者或長期姿勢不良的電腦族和手機低頭族。而這些族群的共有特色就是容易有駝背的姿態，在門診中，也不乏膏肓痛的產婦前來求診，因為產婦也是駝背圓肩的好發族群，這些媽媽通常主訴上背痛，而詳細的位置就是在背後側的膏肓處，症狀通常是覺得膏肓處卡卡的，一直有深層的痠感在背側隱隱作痛，痠痛感影響日常生活甚至睡眠，抱小孩後會加重，在較低的流理台洗碗的時候更覺得痠痛難耐。

而坊間對於膏肓痛的治法與解釋多著墨在痛點上的軟組織，膏肓穴的位置大約就是在背部的大、小菱形肌上，許多的物理治療會著重在此處肌肉的伸展與放鬆，例如將按摩球放至痛點來回按壓去紓解壓力及疼痛，而許多中醫師也常常會在此處直接針灸來治療該處的張力與疼痛，臨床上這些方法我都試過了，老實說效果不盡人意，有時候確實能暫時舒緩，但治療個老半天就是不會好。後來隨著經驗的累積，加上有些比較敏感的患者常常在膏肓痛的主訴中額外告訴我胸口處也常常伴隨疼痛，細心觸診下，逐漸發現整個胸廓的張力確實是會沿著包覆住胸廓的肋骨傳遞的，你可以解釋胸前肌群的緊繃拉扯導致背後的膏肓處張力增大而產生疼痛，大、小菱形肌其實是相對被拉長無力的肌群，也可以解釋胸骨柄與肋骨的小面關節

錯位緊繃導致張力沿著歪斜的胸肌與肋間肌一路拉扯至背後導致疼痛，而證明此理論其實就是中醫針傷科醫師常用的經驗養成方式，透過治療來推斷診斷思路，我簡稱叫做診斷性治療，如果治療後的症狀能很顯著的當下改善，那勢必更能推論其診斷的邏輯更接近真實面。

在我的膏肓痛患者群中，10個大概有9個，利用手法調整肋骨錯位與針刺胸前緊繃的肌群，就能完全改善其膏肓痛的症狀，剩下的那1個，要再另外調整肩背後側甚至是膏肓上的肌群才會完全改善。

膏肓痛這個篇章要特別告訴民眾與正在閱讀此篇的治療者，為什麼以往大家都偏重治療膏肓處附近的筋骨當作治療重點？

我想有很大的原因是來自坊間的民俗調理或是醫事人員，在治療時大家都會盡量避開患者胸前，畢竟胸前算是較私密處，也是許多治療者與患者認為較敏感與較有爭議的地帶，能不碰就盡

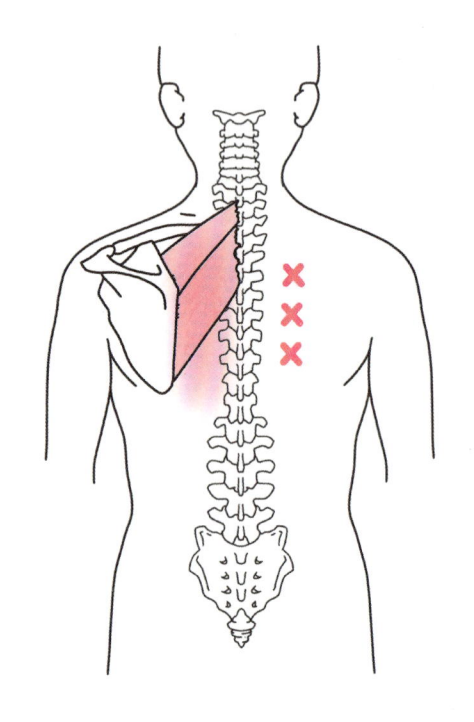

膏肓痛

量不碰的概念，尤其是在女性身上，臨床上常遇到一些產婦自述到一些場所被假藉治療或調理的名義，胸前被上下其手，症狀也沒有因此改善，白白被吃了豆腐。所以在這邊公開提出了膏肓痛治療前胸的方式，希望大家能善用而不要濫用，我在臨床上治療患者前胸時，首先一定會經過解釋衛教並徵求患者同意，並一定會**請女性助理陪同或是在監視器下操作，操作過程中會以毛巾或衣物覆蓋患者較私密處**，只露出需要治療的部位，治療點與下針點都在胸骨柄兩側的肋間肌上方，也就是胸骨柄與肋骨交界處的小面關節附近，全程都不會接觸到患者的乳房部位，而治療的時間也只需要一分鐘左右。保護自己也保護對方，避免職場性騷擾是大家都要非常小心的一環，除了敏感私密處的問題，治療的風險也必須在這邊嚴肅傳達，由於膏肓穴與胸前肋間肌下就是人體最嬌嫩的肺臟，針刺治療的深度一定要拿捏得非常謹慎，稍有不慎刺穿肺泡，就是氣胸了，嚴重起來是會有生命危險

激痛點

拉伸胸前肌群

的，所以還是建議患者要慎選醫療環境以及有相當經驗的醫師來治療才會是上上策喔。

另外**在臨床上我認為，透過針灸手法治療前胸比徒手揉按的效果好非常多**，因為我也曾遇過不少患者有膏肓痛的問題，他們曾遇到非常有經驗的徒手調理者幫他們揉按推開前胸緊繃的肌群，當下都能舒緩不少但撐不了幾天，而且要按的範圍相對大、施術時間相對久，這些患者在我的門診改由針刺鬆動前胸筋膜後，獲得了更大的改善，甚至直接痊癒的人不在少數，這也是為什麼我如此讚嘆中醫師能用針的高明之處，能更好更有效率的處理更多更深層的疼痛問題啊！

而對於膏肓痛的患者端，能做的復健運動，與其用按摩球按壓背側膏肓痛點，不如用按摩球改按壓胸前乳房內側胸骨柄兩邊的痛點，會來得更有效，有時候甚至不需要針刺，就能完整改善較輕微的膏肓疼痛問題，換言之，膏肓痛的原理，加害者應該是胸前緊繃的肌群（可能來自於胸肋關節錯位，也可能來自於沾黏），而背部的菱形肌只是受害者，因無力被拉長而產生疼痛，所以**放鬆或拉伸胸前肌群與訓練背部肌力，才是未來根治與避免膏肓痛復發的康莊大道**。

> 膏肓位於背部兩側肩胛骨內側的位置，此處的疼痛在坊間大家常常會直接對患部做放鬆治療或是拉伸，但其實真正該治療的點不是在背部而是胸前，除了要以手法處理駝背的問題，還要搭配針灸下針在胸前緊繃或沾黏的解剖位置，便能非常有效的立即解除膏肓疼痛的問題，但胸前下針一定要避免性騷擾爭議以及氣胸的問題，所以選擇公開透明有誠信有經驗的醫療場所跟醫生為上上策喔！

頭痛與頭風的迷思

大家一定常常聽過，從上一輩一直傳下來的坐月子禁忌，產後不要洗頭，甚至不要洗澡，雖然這些觀念已經逐漸淡化了，但在門診中有時候還是會遇到一些產後頭痛的患者，因找不到頭痛原因，而將其歸咎在產後洗頭或是吹到風上，閒話家常時便會有那個誰誰誰就是因為產後洗頭沒保護好還吹到風，結果就一直頭痛到現在，而讓這個古早的習俗觀念會一直持續到現今社會。

但其實現代社會的公共衛生已經遠比古代環境好太多了，古時候會教導產婦不要在產後洗頭或洗澡，其中的原因是，古代在盥洗時，可能都是要從井水或是河水中打水來沖洗，水質跟現代經過多重過濾及消毒的自來水相差甚遠，產婦在生產完時抵抗力較差，加上生產時

會有一些撕裂傷口,所以古代產婦在坐月子期間因盥洗而遭受到感染的風險相對大很多,且古時候並沒有保暖設備以及吹風機等烘乾設備,頭髮打濕後沒辦法即時吹乾,亦會提高頭痛感冒的機會。

而這些公共衛生與設備環境的問題在這進步的時代早已幾乎不存在,所以其實在臨床上我並不會反對產婦產後洗頭或洗澡,甚至好好地做好清潔讓自己整潔乾淨,還有益產後的身心健康,不然有誰希望自己產後總是邋遢且油頭垢面呢?唯一要注意的事情就是盥洗後一定要避免在冷氣或風口下活動,盡速在保暖的地方擦乾及吹乾自己的頭髮與身體,這也是為什麼許多月子中心的衛浴會有暖房以及烘乾設備的原因。

中醫認為「頭為諸陽之會」,意指所有經絡中屬陽的經絡都會匯集到頭部,若頭部常常裹著濕氣,頭部經絡運行的氣會受影響,**如果洗髮沒吹乾,又吹到冷風,更容易引起風、寒、溼邪入侵,而造成感冒頭痛的症狀。但不代表所有的產後頭痛都是因為頭髮濕或吹到風造成的。**

如果身為中醫師,心中只有這個診斷,你會發現不管怎麼開立祛風、散寒、化濕或溫陽的藥物,產婦的產後頭痛依然頑固不解,甚至還會遇到一些產婦會自述自己的家庭中醫師告訴她,她就是因為產後月子沒坐好,沒補好或是吹到風,所以頭痛已造成,伏邪已深難除,可能還會建議她再生一胎重新好好坐月子才能處理這類問

題,然後這類產婦在下一胎就不敢洗頭或是洗澡了,每當聽到這類案例我也只能莞爾一笑。

誠如我前面所說,在現在公共衛生如此進步的年代,其實產後頭痛是由傳統中醫所認為的風、寒、溼邪造成引發的機會已經相對降低非常非常多了。

其實絕大多數的產後頭痛原因在我的臨床觀察下,都還是跟大家常忽略的孕期產後結構變化的問題有關,孕期產後媽媽們的關節變得鬆弛,頸椎小面關節容易錯位,脊椎生理曲線改變,駝背、圓肩、烏龜脖、富貴包的形成,抱小孩、餵母乳等低頭的姿勢維持太久下又缺乏運動……等等,這些多重原因最後就會造成肩頸僵硬的問題,通往頭顱的氣血逐漸受阻,便非常可能會產生頭暈、頭痛等症狀。若是產後的頭痛是因為頭髮沒吹乾或是身體濕或在出汗時吹到冷風造成的,在我們傳統中醫的概念中,就是稱作所謂的「著涼」、「受風寒」、「感冒」,其實概念類比西醫的感冒名稱叫做「Common Cold」,試想感冒只會產生頭痛的機會大嗎?通常會伴隨其他的相關症狀吧?

所以通常有產後頭痛的患者,我會透過中醫的四診,望、聞、問、切,去蒐集相關資訊來判別患者頭痛的根本原因,**如果正在產後頭痛的產婦有流鼻水、流鼻涕、咳嗽、喉嚨痛、怕冷、忽冷忽熱等伴隨症狀,那可能就是真的是感冒引起的**,但如若產婦的症狀只有頭痛為主,其舌象以及脈象也沒有受到風寒的表現,肩頸一搭,腫脹僵硬,那八九

不離十，透過針灸與手法對其做上結構矯正與還原，改善頭痛問題的機會一定是相當大的。

把所有的產後頭痛都歸因於坐月子期間補養不足或是保暖不足而感受風寒，已經是舊時代的觀念了，按照邏輯推演以及許多使用針灸與手法能立即改善產後頭痛的成效結果，希望能啟發大家有更多元的診斷思考以及治療方式來補足或改善舊有錯誤的觀念或習俗。

而臨床上有一種產後頭痛較特殊，有別於腦脊髓液滲漏的頭痛症狀（平躺不痛，站立疼痛），**患者只要一躺下就頭痛，無法睡眠，起身困難，或是一起身就眩暈，天旋地轉，還因此血壓飆升許多**，有這類症狀的產婦通常會告訴你她到處做了檢查，電腦斷層都做了也找不到原因，甚至有醫生會告訴她可能是孕期產後荷爾蒙失調的原因，以為自己得到什麼絕症，再也不會好起來了，症狀嚴重影響生活作息，鬱鬱寡歡，無法好好坐月子。

其實這類症狀在臨床上我們稱之為頸因性頭痛或頭暈，不見得只會發生在產婦身上，但產婦因為關節鬆弛的關係特別容易好發，其實就是頸椎的排列錯位導致的，透過診斷性治療，當場安全的將患者頸椎整骨復位，之後請患者再次躺床就能解除其頭痛或頭暈的症狀了。

坊間有多少產婦或患者受此症狀困擾，一直遇不到正確的診斷及治療，因而嚴重影響生活甚至辭去工作，身心嚴重受影響的實在很多，希望藉由這本書將更多疾病的成因與治療知識傳遞出去，才能更好的幫助廣大正在受苦的患者。

傳統的中醫認為產後頭痛常跟吹到風或受寒有關係，但其實若是受寒並不會只有頭痛一個症狀，應該還要伴隨其他感冒症狀才合理，嚴重的頭痛甚至會發生無法睡眠的問題，一躺床就頭痛，起身雖緩解，但再躺又痛，伴隨血壓飆高，這類患者常常求助無門，照了電腦斷層等腦波檢查卻也發現無異常，被怪罪在產後荷爾蒙失調的大有人在，但其實只要把肩頸的關節錯位正骨解開，並利用針灸放鬆其相關的軟組織與沾黏，其效果往往立竿見影。

產後疼痛篇章-軀幹下半篇

產後腰痛

　　產後腰痛可能在每個婦女剛生產完的時候都有經歷過，剛生完的時候會特別明顯，有些人持續一陣子後會慢慢退掉，有些則是持續許久不見好轉，痠痛合併無力，而有些人是在育嬰的過程逐漸加重，或是反覆發作，甚至有些人在懷孕過程就開始腰痛了，這些腰痛的問題嚴重起來，大大影響了這些產後婦女的育嬰生活品質甚至行動力，沒有好好的處理這些腰痛的問題，也可能在未來年齡漸長後埋下腰椎結構變形退化而需要手術的隱憂。

　　傳統的中醫或是一些廣告總是會將產後腰痛怪在是月子沒做好，但實際上，誠如前面篇幅所述，產後的腰痛原因其實是多元共構而成的，而這些原因在不同的產婦身上可能分別占了不同的比例，這時候就非常仰賴中醫師在望、聞、問、切的四診合參中，去替產婦歸納分析而制定不同的治療方向，而不是一味的開立中藥處方去補肝腎，壯腰膝，有時方向錯誤不但腰痛不見好轉，還讓產婦上火而產生其他燥熱的症狀，肝腎因生產而虛損的腰痛表現應該常會伴隨像是房事過度而出現的痠軟無力感，「痠軟」與「無力」也可能跟孕期產後的肌肉萎縮，支撐力較差有很大的關係，所以這時候中醫師會透過其他的症狀表現與把脈去綜合評估補肝腎，壯腰膝的需求，一般來

說，這類虛性的腰痠痛應該透過復健訓練與中藥的調理一陣子就能獲得相當大的改善了。

而那些孕期腰就在疼痛的婦女，產後透過坐月子休息調養也不見腰痛緩解的媽媽們，絕大多數就是因為孕期脊椎骨盆結構改變的原因所致，複習一下，產婦在孕期因鬆弛素與肌肉萎縮的兩大因素下，腰椎與骨盆的生理曲線隨著孕肚越來越大之下，逐漸向前拱而產生骨盆過度前傾的角度，在骨盆過度前傾，也就是下交叉症候群的狀態出現時，不但會產生腰肌緊繃的問題，亦會讓腰椎的下段承受更多身體重量，因肌力不足，少了輔助肌群幫忙支撐之下，就會產生下背痛的問題，嚴重一點的產後腰痛甚至還會出現腳麻的症狀，通常都是合併孕期體重上升太多，腰椎下段承重超出負荷產生軟組織腫脹或骨關節形變，腫脹的肌群或是骨刺、椎間盤突出壓迫到坐骨神經所導致，所以那些==有腳麻的產婦一定要非常注意，除治療之外，一定要配合體重控制==，盡可能的安排運動及減重計畫，才能有效改善症狀遠離麻痛感，避免有開刀手術的可能。

曾經遇到幾位產後腳麻相當嚴重的媽媽，孕期產後體重上升太多，腰椎變形嚴重，雖然已經衛教減重並解釋及早面對治療臀腿痛麻感的必要性，但這幾位母親為了哺乳親餵，仍將產後的精力放在追奶與照顧幼兒身上，沒有剩餘的體力去控制飲食及復健運動來調整體重，這樣一來腰椎變形以及痛麻的嚴重性與可逆性可想而知，

一定是逐漸遠去，一般在臨床上，如果遇到產婦真的太虛弱或是痛麻的症狀太嚴重，我都還是會委婉的建議產婦們一定要先好好照顧自己，放過自己，真的沒必要逼自己一定要親餵，三四個小時就起來擠奶，不但沒休息到還可能因為消耗更多而吃得更多，也沒有多餘的時間與體力來讓自己復健而讓症狀加劇，實在是得不償失。

再退一萬步來說，==如果不想要產後有這些麻痛等變形或退化的問題，那真的希望大家在備孕之前就好好的養成運動習慣來穩定關節的支撐力，還是老話一句，運動是最好的備孕方式。==

支撐腰部的組織結構其實錯綜複雜，想要有良好的支撐力，其實我們可以簡單的分為兩個條件，第一個就是有良好的骨架結構排列，骨盆要對稱，腰椎曲線不能過彎或過直，才能有效率地分散整體體重對腰椎所產生的壓力，而第二個要件，就是要有豐滿而有彈性的肌肉來共同支撐腰椎結構。

孕產婦會有這麼多腰痛的問題，正是因為腰椎骨盆的角度改變，加上孕前肌肉不足，孕期又有更多肌肉流失。處理腰痛在孕期中能做的不多，治療上也只能相對保守，在原本就沒有運動習慣的前提下，肌力不足無法支撐孕肚重量所帶來的腰椎負荷的狀況，我建議輔助的托腹帶真的是要常備使用，可以分擔減輕壓力並保護腰部的結構而預防疼痛。而臨床上腰椎與骨盆的結構在孕期中的治療，很多醫師都會採取較保守的態度，甚至會告訴孕婦這些疼痛的問題要

忍忍，等生完就會逐漸好轉了，畢竟現今社會的醫療糾紛也不少，要在孕婦挺著肚子時給予結構上的調整與治療仍需承擔著一定的風險，在沒有把握的狀況下，許多醫者都不會貿然出手，但**有不少孕婦因此需要臥床安胎，因減少活動更加重了肌肉流失的速度**。

在行醫的歷程中，其實我跟著我的中醫老師調整過了不少有嚴重疼痛問題的孕婦，孕婦到底可不可以針灸與整骨的這個問題？

其實在評估可行的狀態下是可以進行操作的，這也回應了我前面篇幅所述的，整脊、整骨、喬骨盆的風險是取決在操作者的學經歷及身體條件與協調能力上的，孕婦的關節其實真的相當鬆弛，不太需要花費相當大的力氣就能拉開進行矯正，但矯正必須避開往腹部的合力，所以治療範圍跟療效勢必會有一定程度上的受限，針灸的治療也不見得一定會有非常疼痛的提、插、捻、轉才可以得到療效，這對於不懂的人來說真的非常難理解，所以一般人通常都會對於孕期中進行有關的針灸與整骨治療相當的抗拒跟排斥，但其實你仔細想想，**懷孕中都可以打針抽血了，更細的針灸針為何不能評估後使用**？

所以我的門診中會來求診的孕婦常有一個特色，通常都是前一胎產後曾來我診所進行脊椎骨盆修復的患者，了解這位醫師的手法輕柔精準且有一定的信任度跟良好的醫病關係下，並評估個案的生命徵象與精神狀態許可後，便能進行治療來改善這些婦女們孕後期

的生活品質，但會來求診的孕婦真的通常都是那種腰痛到無法生活的程度，如果是一般的孕期腰痠痛通常等產後都會緩解不少，至於那些已經實質性診斷出椎間盤突出的患者就相對困難許多了。

減痛分娩注射後腰痛？

臨床上會有許多媽媽在就診時跟我提到，自己在生產時有使用減痛分娩而進行脊椎的穿刺注射，結果生完後反覆腰痛不適，於是上網查資料，懷疑自己是因為穿刺注射受傷，所以造成產後的腰痛，這類減痛分娩後的腰痛主訴在產後真的非常多，但**在我的臨床經驗觀察下，產後的腰痛幾乎跟減痛分娩的注射無關**，許多媽媽都只是被別人或自我誤導去合理化自己產後腰痛的原因，但實際上在診間問診的同時，我會請產婦指出腰正在痛的區段範圍，並詢問產婦注射的地方在哪裡，有許多產婦都回答不出注射點，甚至有許多產婦會直接將注射點指在她的腰痛點，但其實離她的實際注射的地方是不同的區段，減痛分娩只可能導致注射部位短暫性的穿刺疼痛，就像一般打針在手臂一樣的疼痛感，但在產後一週內就會解除，並不會造成後續的腰痠背痛，有這類型主訴的產後腰痛通常都能在脊椎骨盆矯正治療後而獲得改善與緩解，也間接證實了與穿刺注射無關，**產後當下的腰痛在臨床的觀察下，絕大多數都還是因為分娩的過程中瞬間出力不當而導致骨盆歪掉所造成**，臨床上會遇到一些產後的婦女，生完的當下就腰痛難

耐，只能臥床休息，通常透過骨盆矯正後皆能恢復正常。

而減痛分娩比較需要注意的併發症應該是「腦脊髓液滲漏」，原因是一般半身麻醉穿刺的細針在硬脊膜上產生的洞非常小，所以腦脊髓液滲漏的機率相對小，但是減痛分娩用的針相對較粗，穿刺造成的破洞會有約 0.5%~2% 的機率讓腦脊液不斷流失，使腦脊液壓力降低，為了恢復顱內容量，生理上會出現代償性顱內血管擴張而出現頭痛症狀，這種硬脊膜穿刺後頭痛，特別是在身體坐姿或立姿時發生，平躺時好轉，這種類型的頭痛都會建議產婦們回生產的門診或是神經科進一步檢查治療。

腰臀痛伴隨僵直感

產後有一些產婦的腰痛是比較嚴重的，這類腰痛在我的門診中的問診重點叫做「僵直痛感」，這類型的**腰痛特色是平常腰痠痛反覆，然後逐漸在早上起床時感到腰僵硬疼痛無法轉側甚至起身，或是久坐在比較低的椅子後起身腰桿無法打直**，站久了腰會硬掉沒辦法彎腰，嚴重影響睡眠及生活品質，西醫常常會將此症狀與僵直性脊椎炎畫上連結，但實際上這類的腰痛在我的中醫傷科範疇觀點中，可以大約劃分成兩種類型，一種是急性的，在中醫分類為本實證，一種是慢性的，在中醫分類為本虛證，兩種證型在症狀表現的結果上差異不大，都會產生循環受阻而產生腰痛僵直的問題。

中醫常常會在典籍中提到「不通則痛」的概念，通與不通指的是「循環」通與不通，產後這類僵直腰痛感的問題會被歸類在循環受阻的原因，正是因為這類型的腰痛感往往會在身體活動後逐漸消退，且僵直感也會逐漸減少而關節變靈活，但只要再經長時間的姿勢固定下又會逐漸僵硬疼痛起來，如此反覆不解，甚至可以從急性逐漸轉為慢性的腰痛。氣血的「循環」會因為人體的活動而增加，也會因睡眠或靜態不動的姿勢下而變差，循環通的時候痛感減而活動度提升，循環受阻時痛感增且僵直感逐漸席捲。

如同前面所提到的，這類腰痛可大致區分成急性實證，以及慢性虛證的成因，急性實證其實就是我們常見的「閃到腰」，而產婦的僵直性腰痛絕大多數是屬於後者的慢性虛證，但也有可能因為照顧小孩或是姿勢不良的過程中閃到腰而引發。急性實證的腰痛，很常是突然在某一個動作下，腰部拉扯後立即產生的，像這種類型我們俗稱「閃到腰」，臨床上觀察要閃到腰通常要符合兩個條件，第一個是「特定的不良關節姿勢與角度」，而第二個條件是「瞬間出力」，我們可以想像一下最常閃到腰的一個情境，就是在彎腰撿側邊東西的時候突然打了個噴嚏，就會很容易閃到腰，反過來說只是單純撿東西或是在直立狀態下打噴嚏是不容易閃到腰的，又或者我們可以以擒拿術來舉例，一些擒拿術的施術者會將對手的關節鎖在一個特定的角度下逼對手就範，若是對手不就範，便在此角度再多施加一個瞬間的力量就可

以將對手的關節造成脫臼。

所謂的「**特定的關節姿勢**」，簡單來說便是指在**特定關節與關節的接觸面呈現一個最容易分離的姿勢角度**，在中醫正骨的範疇中我們叫做「**開關節**」，我們可以理解成關節容易鬆動且不穩定的角度，正骨與整復中時常會將關節擺位放到一個「開關節」的姿勢下進行頓力矯正，因為在「開關節」的角度下關節是最容易鬆動進行調整的，而第二個條件無預警的「瞬間出力」如果在「開關節」的姿勢下發生，身體的某些肌肉因瞬間出力的收縮下，就非常有可能拉歪我們的腰椎或骨盆，形成中醫經典裡面常提到的「筋出槽、骨錯位」的狀態，而瞬間產生疼痛。有些輕微的閃到腰，因錯位不多，經過一陣休息後，其過度收縮或是痙攣的肌肉逐漸放鬆恢復後，腰痛便可緩解，而骨錯位較多的患者，你會發現他的腰痛可能持續到數天甚至數週都無法痊癒，因為錯位太多，會導致腰臀的某些肌群需要緊縮代償支撐，這些緊縮的肌肉因嚴重的骨錯位而無法放鬆，對側被拉長的肌肉也無法復原，所以疼痛久久不能緩解。這也是為什麼有些閃到腰吃止痛藥與肌肉鬆弛劑有用，有些則沒用的原因。

而當這些急性實證的腰痛發生時，腰部的肌肉筋膜因此會開始釋放出大量的發炎物質，而滲出相當多的發炎組織液，如果是較輕微的閃到腰，這些發炎物質滲出不多並會因腰部的結構逐漸恢復而消失代謝掉，而那些嚴重閃到腰的患者，在沒經過及時正確的正骨復位治療

下，身體為了支撐本體結構會自行尋求出路，逐漸自患部由近而遠的調節其他的結構去分擔去代償，白話翻譯就是身體會逐漸歪斜地去支撐人體結構來閃避會引發疼痛的支撐姿勢，所以你會看到那些腰正在痛的人躺床都要以一個特定的姿勢來避免疼痛，或是走路時需腰手扶著腰歪歪的才能邁出步伐，但在這個數日甚至數週代償的過程中，發炎的組織液會不斷反覆地滲出累積，充斥在我們的患部及其鄰近的軟組織當中，最常就是積累在我們的腰及其下方臀區的筋膜及肌束內，因此就由急性的腰痛慢慢轉變成慢性的僵直性腰痛了。

　　要知道組織液就像血液一樣會有凝固性，就像豬血跟鴨血一樣是利用其血液的凝固性來製作，當這些**發炎組織液長期充斥脹滿在我們腰臀區時，便會阻礙其局部的氣血循環，而其凝固性也會讓局部的軟組織變硬而加重循環不良**，所以當我們經過一夜睡眠後，因心跳變慢且姿勢固定維持久了，晨起腰臀可能會因此僵硬無法動彈，但下床活動一陣子或是熱敷過後，因為心跳變快加上肌肉因活動而有了擠壓收縮，改善了患部的血流循環，腰痛感就會因此逐漸下降且腰部的活動度也逐漸靈活。但只要再次固定姿勢不動一陣子，這種僵直痠痛感又會再次反覆發作。

　　而這類急性閃到腰的患者的預後也因生活習慣大致可區分為兩種，其一是有良好運動習慣的，雖然曾因閃到腰而造成骨架結構因代償歪斜，但在腰痛急性期逐漸因結構代償緩衝不痛後，又開始恢復了

以往的固定運動習慣，在運動的過程中，肌肉在不斷的伸展與收縮下，關節也會相對在運動中被不停來回的牽動與震動，關節與關節之間的相對錯位極有可能會獲得重塑排列，因閃到腰而緊縮或硬掉的肌肉筋膜也因在運動中獲得良好的代謝並重建循環，所以急性腰痛並不會為此類患者帶來太多的後遺症及不良影響，且再次發生閃到腰的機會相對較小。

而另一種患者便是無良好運動習慣的類型，不但容易發生閃到腰的狀況，且在閃到腰後，骨架結構的錯位也不容易因活動自行還原，為了避讓疼痛的狀況發生，站姿跟坐姿甚至躺姿都會受到影響，潛意識下會往舒服的姿勢去站、去坐、去躺，而間接又會造成骨架越來越歪，長久下來脊椎或骨盆兩側的肌肉分布及張力更失平衡，而發炎組織液的脹滿與沉積會讓肌肉筋膜的品質越發下降，僵硬痠痛感便會在往後的日子裡時時侵襲，閃到腰的腰痛感也會來得較劇烈較長久不易痊癒。

臨床上你**觸診那些主訴常常閃到腰的患者，有一定嚴重程度的脊椎側彎與骨盆歪斜幾乎都已經是標配，而這類患者也往往不了解運動的重要性及相關性**，甚至因為僵硬痠痛會常常跑去指壓、撥筋、拔罐或刮痧，試圖想要改善症狀獲得放鬆，但**殊不知過強的指壓、撥筋、拔罐或刮痧，只會造成發炎更嚴重而加速惡化肌肉筋膜鈣化與纖維化的結果**，所以臨床上我常常建議患者盡量避免那種按的當下非常痛

然後按完隔天會更痛的指壓或撥筋，或者盡量避免太密集的重度拔罐與刮痧，因為那並不是治病的方式，獲得放鬆的感覺只是因為如俗諺中所說「如入芝蘭之室，久而不聞其香，如入鮑魚之肆，久而不聞其臭。」痛覺麻痺罷了。

很多有上述這樣放鬆習慣的人，久而久之因為表淺筋膜肌肉都失去活性，便會要求施術者再刮再壓深一點、再拔大力一點才會覺得有效，實為不明智之舉。

而這類患者在臨床上的復健復原之路也相對坎坷不易，除了因為保健觀念不佳之外，由於長年的脊椎側彎及骨盆歪斜，身體兩側的肌肉量及張力可能已經嚴重失去平衡了，所以就算當你建議他去運動，而他也願意改變時，在沒有專業的教練一旁帶領指導下，已經相當不平衡的肌肉慣性可能會讓他在運動訓練時，一直往歪的那個方向前進，而造成更多的歪斜或疼痛，想要有效率的改善與逆轉這樣的惡性循環，在我的臨床觀點與經驗中，就是**必須得配合定期的針灸與正骨整復治療，邊校正邊訓練，邊訓練邊校正，才能逐漸脫離僵硬疼痛以及容易閃到關節的束縛**，臨床上我遇到不少治療配合運動的患者都能很成功的逆轉，這類患者的人格特質都是有相當大的耐心與毅力，因為過程真的不容易。

而那些單純只接受治療，在生活作息上無任何改變的患者，反覆發作的機會仍然是很高，又如果症狀真的較嚴重，甚至連治療的效果

都會有所限制，更嚴重一點的話連骨關節都已經整不開，因肌肉僵硬，關節沾黏，即便有再強的整骨技術，仍然是一籌莫展啊。

運動配合治療是不二法門，真的沒有什麼神奇的魔法或醫術，這也只是再次驗證了「新傷好治、舊病難醫」的道理啊。

再來我們來談談那些慢性虛證的僵直性腰痛，這在生產完的媽媽中非常常見，而且也非常的頑固難治療，許多到處就醫的媽媽們常常都不明所以，為此困擾許久，在找不到原因跟治療方法下，亦常常歸病因於產傷或是產後月子沒坐好，不堪其擾，腰痠痛大半輩子也只能目屎吞腹內。

這類患者，常常坐在矮凳上幫小朋友洗澡完發現腰硬掉站不起來，或是一樣在睡眠後起床時發現腰部僵硬痠痛無法轉側，常常會覺得臀部有痠脹感，更有一群產後媽媽會發現怎麼月經來的時候腰痠痛更嚴重了，這一切仍然都牽涉到了前述的「循環」的問題，只是根本的原因來自於「虛」，並不像急性閃到腰會突然發生腰痛，**腰部的疼痛僵直感是漸進式的，隨著時間一天天逐漸加重，而「虛」的地方就是在我們的臀部肌群，在臨床上被稱作「臀肌失憶症」。**

「臀肌失憶症」顧名思義就是指臀部的肌群在長久的活動抑制後所產生的功能失常症狀，就像失憶一般，肌肉啟動與大腦的神經連結鈍化，而產生無力的功能性症狀，一般來說，活動抑制的狀況多發生於久坐跟少運動的族群，正恰好孕產婦們就是此族群的好發常客，另

外舉例來說，一些辦公室工作工時相當長的久坐上班族，還有需要久坐開長途車的司機都很容易有此症狀，而孕產婦除了更容易久坐缺乏運動之外，孕期的骨盆前傾變化亦會加重下交叉症候群，導致臀肌被拉長而更顯得無力，另因孕肚漸大體重快速上升，較重的重量在久坐時壓著臀部肌群，讓臀部肌群開始缺血、缺氧，神經和肌肉逐漸鈍化，進入休眠狀態，這時候腰髖平常執行的動作便要仰賴其他的肌群代償，也就更加重下交叉症候群，讓腰肌及前側的腿部肌群更加的緊繃，而可能導致下背痛及膝痛的問題，腰部及膝部反覆的發炎疼痛，你會發現一直治療腰及膝蓋效果不佳，因為真正的受傷原因是來自於臀肌無法正常啟動它該有的功能，臀肌罷工，腰與膝蓋就必須加班，與其一直跟加班的人說聲辛苦了，幫他們揉揉捏捏按摩放鬆，還不如叫那些罷工的人回來上班分擔工作量來得有用的概念。

所以一般有「臀肌失憶症」的患者，我們極其注重的治療方法應該是請患者避免久坐，並開始訓練臀部肌群，啟動臀肌與大腦的神經傳導連結恢復其功能，才能最有效地根治腰膝疼痛的症狀。

而話說回來，正是因為臀肌無力，腰部的肌群才會在過度的工作下反覆發炎，一樣會如前所述，產生許多發炎物質和發炎組織液，而這些反覆發炎組織液體在一天天的積累下，不但會脹滿沉積在腰肌之外，亦會讓鄰近的臀部跟著發炎腫脹，這也是為什麼這類患者會時常感到臀痠脹的原因，甚至嚴重的患者會進一步引發「深臀症候群」，

深層的臀肌發炎腫脹去壓迫到坐骨神經而造成臀腿的麻痛感。臨床上你會發現較嚴重的慢性僵直腰痛患者，以手或肘按壓其臀部會引發患者劇烈的疼痛與掙扎，較輕微的患者可能是單邊，發炎較久的患者，可能雙邊都會脹痛難耐，說到這裡，大家要尤其注意，這時候最忌諱患者自行跑到民俗調理接受徒手按壓治療，很多民間的師傅很常搞不清楚「臀肌失憶症」的成因，往往都會直接往患者的痛點死裡按，哪裡痛就按哪裡，最常就是用肘頂法，在你趴著屈髖屈膝的姿勢下，用手肘尖端頂進你臀肌的深處不斷來回撥動，按壓的過程絕對是會痛到翻臉的那種，伴隨各種慘叫聲，我常呼籲患者在臨床上，正在腫脹的地方就是切勿直接按壓，按壓只會更腫更痛，就像你扭到腳的時候，你不會去用力揉按腳踝發炎腫脹處一樣，一定是透過「抑制發炎」或是「疏通發炎」的方法，先讓發炎腫脹消除，若是直接出力推按下壓在發炎腫脹的部位，除了會讓腫脹更嚴重之外，不要忘了「臀肌失憶症」本就是屬於虛證，當無力被拉長的臀肌再受到重壓或撥筋放鬆的處理，按完後甚至會直接呈現關機狀態給你看，很多人被按完會趴在床上根本起不來，甚至還會發現症狀變得更嚴重了，而施術者還在沾沾自喜認為自己幫患者緊繃的地方放鬆了，還囑咐要再多來幾次才會好，這樣的戲碼在坊間就是不斷發生重演，不但患者白白受苦也會增加後續治療患者症狀的難度。

對於腰痛的治療，不論是急性實證或是慢性虛證的僵直性腰痛，

其實嚴格來說都是預防勝於治療，因為等到真的要治療的時候都已經是很嚴重了，其實不限於生產的婦女，所有人都應該在懷孕的過程中或是日常生活中避免久坐，至少 30 分鐘就起來動動，哪怕只是站起來 30 秒扭一下腰臀，或是在要喝水的時候站起來動一動，都能很有效地預防「臀肌失憶症」的問題，有穩定的運動習慣也都是老生常談了，規律的運動可以讓身體的肌肉筋膜維持在有彈性的狀態，這個彈性的延展空間就能夠幫忙關節面在運動中因為活動與震動，自我重塑相對位置而真正達到「骨正筋柔、氣血自流」的健康常態。

但若你真的因為生活習慣、職業病或是孕期的變化中，**在急性或是慢性的發炎過程中患上因循環受阻而產生的「僵直性腰痛」**，那麼治療上我們可以分兩個原則來處理，分別就是「**抑制發炎**」以及「**疏通發炎**」。

在西醫，有些較輕微的僵直性腰痛可以透過醫師開立的口服止痛藥來達到消炎止痛的作用，甚至會有更強效的注射型消炎止痛劑來達到症狀緩解的目的，電療、熱敷或拉腰也都是在幫忙緩和緊繃與發炎的症狀，而在我的臨床觀點下，增生療法並不適合在這個時機點介入，以避免引發更多的發炎反應，且其治療的機理與疾病的成因邏輯並不符合。

而那些較嚴重的僵直性腰痛，可想而知，可能是因為閃到較嚴重，也就是脊椎骨盆錯位歪斜較嚴重，不然就是反覆發炎腫脹的症狀已經

拖了好幾個月甚至好幾年了，自然不是吃吃止痛藥或是定期去做復健能搞定的，而中醫師在這個症狀的治療上便成了非常重要，甚至無可取代的角色，因為中醫師不但能透過徒手治療去調整患者個脊椎骨盆相對位置，亦能使用針灸或是針刀來治療這個循環變差的問題，還可以配合開立一些舒筋活血或是溫通關節的方劑中藥來輔助治療，以達到加強循環的效果，在我的臨床治療經驗中，對於這些有僵直性腰痛的患者，可以說是立竿見影。

　　關於徒手治療，**便是用中醫正骨的手法去矯正脊椎骨盆的相對位置**，其效果可說是符合「抑制發炎」的原則，原因是如前述「骨正筋柔」的道理，錯位的骨關節因手法矯正獲得修復，亦能改善脊椎骨盆生理曲線，矯正骨盆前傾的角度，便可將持續拉緊的肌肉筋膜放鬆，而不會繼續在過度使用下持續發炎。而那些因發炎物質充斥脹滿的筋膜與肌肉束，因在筋膜的包覆下使那些腫脹物質無法散去並影響循環，所以平日會覺得有痠脹感甚至劇烈的壓痛感，當肌肉腫脹到一定的程度可能還會壓迫到坐骨神經引發下肢麻痛的問題（ex. 梨狀肌症候群），所以這時中醫會依照古人的精神「破之，使邪有出路」，最速效就是利用「小針刀」下針於患者腫脹的部位，宣洩消散這些「軟組織粘連病變」，鬆解肌肉，重新改善血液循環，恢復肢體正常的生理功能來達到疏通阻滯的效果，氣血通暢，通則不痛。**許多接受完小針刀治療的患者都能在短時間內改善僵直性腰痛的症狀，甚至是經期的**

嚴重腰痠都能一併改善，也就是我們上述所提「疏通發炎」的原則。而小針刀不像肘頂法一樣，不能施用在腫脹發炎的患部，臨床上你會發現，腫脹的部位施針過後，往往當下腫脹就可能會消退一半以上，原本的局部按壓痛感也會立刻減輕許多。

但臨床上你會發現有些產婦在治療後會舒服一陣子，幾週或幾個月後又復發，反覆發作，相當頑固，其實道理很簡單，就是沒有逃脫原本的生活習慣所造成的惡性循環，臨床上我們必須觀察患者的體重在產後是否仍居高不下，產婦是不是在育嬰的過程中後援不足而無法重新建立運動習慣，這會造成臀肌持續在壓迫下無力而無法恢復功能，所以要除了鼓勵患者減重跟開始運動之外，在臨床上針對這些臀肌無力的媽媽，我會再額外衛教三個基礎運動來讓他們自行復健，重新啟動腹肌與臀肌的活性，改善骨盆前傾，也就是「下交叉症候群」，居家就可以做，簡單不複雜一直都是產婦最需要的運動處方，這三個復健運動分別是「捲腹」、「臀橋式」以及「蚌殼式」，這三個復健動作相當簡單，可以透過讓腹肌與臀肌不斷的伸縮來誘發並訓練這些肌群的功能，臀肌在收縮的過程中亦能擠壓疏通那些會讓循環變差的發炎物質，當認真復健一段時間後並配合腰臀部的熱敷或是直接泡熱水澡，絕大多數的患者都能逐漸遠離僵直性腰痛的問題，這邊的復健頻率我仍然是會給出「333 原則」的建議，意即一天找 3 個時段，一個時段做 3 組，一組做 30 下（捲腹與蚌殼式）或是支撐 30 秒（臀橋

式），這邊蚌殼式要注意是雙邊臀部開合要各 30 秒喔。

其實頻率建議都只是參考用，患者自己只要知道低於這個頻次就是效果較差，高於這個頻次甚至加上阻力帶的加強效果一定會是更好的。然而經過計算，其實一個時段交替各做三組其實也只要花五分鐘上下，所以在臨床上我總是會在衛教時跟媽媽們開玩笑說，無法執行的媽媽們純粹只是因為懶，並不是因為真的沒空，晨起、午睡以及就寢前，只要躺在床上就可以趕快執行了，不努力復健，便是無盡的腰痛纏身而已。

在我的看診臨床經驗中，治療配合認真復健的患者，其治療效果以及癒後都相當的良好，鮮少再有復發的問題。當然更建議這些媽媽們等育嬰較忙碌的過渡時期度過後，一定還是要加強全身性的運動習慣才是通往健康的康莊大道，同時也避免不可逆的嚴重椎間盤突出發生。

腰痛預防與自我復健

臀橋式

臀橋式動作教學

❶ 平躺在瑜珈墊上,雙手置於身體兩側,雙腳與肩同寬、自然屈膝,膝蓋與腳尖方向保持一致。

❷ 雙腳支撐將臀部向上抬起,臀肌出力收緊,使胸部到膝蓋呈現一直線停留。

❸ 依照自己的能力停留 10-30 秒後,慢慢將臀部貼回地面,如此反覆按照計畫抬臀數組。

蚌殼式

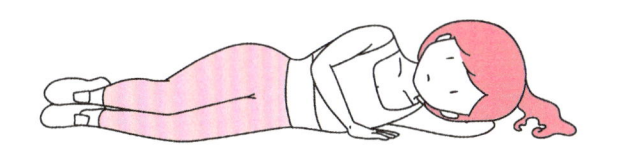

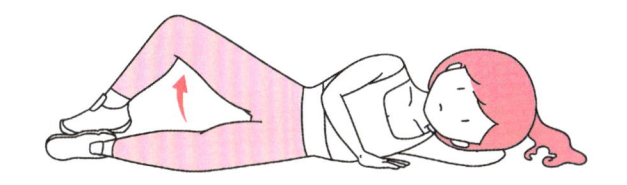

蚌殼式動作教學

1. 側躺，讓髖關節和膝蓋彎曲，彎曲時使背、臀與腳底成一直線。
2. 臀部用力，維持上半身穩定不動，緩慢抬起上方的膝蓋，腳踝貼緊，像蚌殼一樣緩慢開合雙腿。
3. 開合的過程中想像上方的膝蓋頂開重物的感覺，讓臀肌可以有更多的收縮發力。
4. 反覆此開合動作 30 下，雙邊交替，一個時段各做三組。

抱胸基礎捲腹

捲腹

① 屈膝平躺在瑜珈墊或床上,雙手抱胸搭肩。

② 雙腳與臀不離地,腹部用力讓背部的肩胛骨緩慢離開地面停留約 5 秒有懸空即可。

③ 依照能力,反覆此動作 30 次上下為一組。

> 傳統中醫在產後腰痛往往會認為是肝腎不足造成的,而有些媽媽會誤以為是減痛分娩的注射針造成的,但其實絕大多數的腰痛主因都是跟腰椎骨盆結構歪斜、體重過重還有肌力不足相關,嚴重的腰痛可能會讓你晨起或是久坐後起不了身,放久了甚至開始變形壓迫到神經後就會有開刀的風險,所以我們臨床上治療應該以矯正脊椎骨盆為主,服用中藥調理為輔,控制體重,並加強訓練臀肌,才能更有效的減輕腰部的負擔並大幅改善疼痛。

尾椎痛/尾骨痛

　　尾椎是人體的脊椎最末端，常常會有產婦搞不清楚確切的位置，總是覺得薦椎處疼痛就以為是尾椎痛，所以在臨床上我都還會再確認一次疼痛的位置來排除下背痛的診斷。產後的尾椎痛其實十分的常見，患者媽媽們最常見的主訴是，大概孕期後段就開始疼痛了，產後不見好轉，<mark>坐在椅子上時有嚴重的尾椎處異物感，坐姿身體向後傾靠時異物感更重，甚至會痛</mark>，而有些患者是久坐起身時會覺得尾椎<mark>處疼痛難耐</mark>，坐機車因為跨坐的關係，尾椎的不舒服隨著機車震動越發明顯，如坐針氈。

　　產後媽媽們的尾椎痛常常是在孕期後段約第 5 第 6 個月後就開始痛了，這是因為孕婦的脊椎生理曲線隨著孕肚漸大而產生了曲度改變，腰椎的弧度向前拱的同時，其實不止胸椎的弧線會代償性向後駝，孕婦的薦尾椎也會朝著腰椎反向的弧度翹起，也就是我們前面篇章所說的「骨盆前傾」以及「下交叉症候群」，我們可以想像，<mark>屁股因為骨盆前傾變翹了，尾椎其實也相對的較原本內縮的位置靠後</mark>，而在孕婦分娩時，胎兒出產道的過程中，對於尾椎的擠壓方向也<mark>是由內向外</mark>，可能亦因此讓尾椎整體的相對位置更突出臀部，這時候產婦坐下的尾骨異物感就開始產生，如果孕期或產後體重上升太多又常常處於久坐的狀態，尾骨與座椅之間的軟組織在不斷的提升接觸壓力下，就可能因此產生慢性發炎腫脹而導致循環不良而後引起

正常骨盆
尾椎的位置

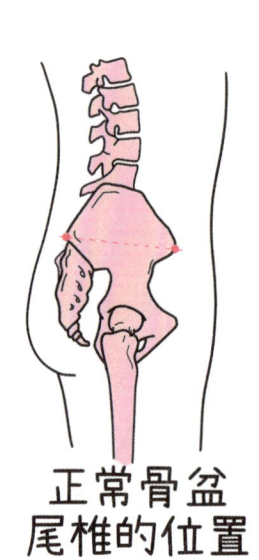

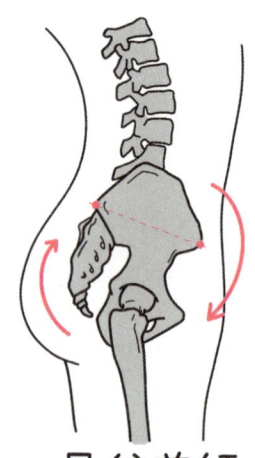

骨盆前傾
造成尾椎外旋

PUSH

分娩時
胎兒擠壓尾椎

慢性疼痛，而在臨床上額外的觀察中，尾椎曾有舊傷的患者，例如滑雪或是下樓梯滑倒等曾經尾椎跌坐挫傷，局部循環因曾受傷過變得較差，更容易在孕期產後發生尾椎腫痛的症狀。

有些孕期中的尾椎痛，在產後會逐漸緩解，是因為這類產婦的尾

椎在腹中胎兒產出後，腰、薦及尾椎的曲線有一定程度的恢復而減少尾椎底部的壓力，透過休息及坐浴熱敷就能逐漸改善其症狀。

而較嚴重無法自我康復的患者，就必須透過治療來矯正結構並改善循環，在我的臨床經驗中有部分患者經由結構矯正來恢復腰椎及薦尾椎曲線，意即讓較翹出的尾椎藉由骨盆回正的整復手法，盡量恢復到原本較內縮的位置，整復正骨後的當下，再請產婦坐椅子及一些動作測試，尾椎的異物感及疼痛感即能大幅下降進而痊癒，而**那些整復正骨後只有異物感改善但疼痛下降不多的患者，透過觸診去下壓尾骨處的軟組織，你會發現患者會回饋有相當程度的按壓腫痛感**，而這些因慢性發炎而腫起的筋膜與肌肉等軟組織，顯然無法因尾骨被矯正縮回後而消散，這時候便要靠中醫師最在行的針具，**針灸或是針刀，直刺鬆解患部來立即改善局部腫脹及循環，其效果可謂是立竿見影。**

在衛教部分，通常我會建議有產後尾椎疼痛的媽媽們在治療過後，要先避免久坐，或是坐在硬的椅子以及地板上，多做尾椎處的熱敷以及臀肌的鍛鍊，這些都有助於症狀的改善以及避免惡化。

而臨床上還有一小部分的產婦產後有尾椎的異物感主訴，但沒有伴隨疼痛，**這類患者的特色通常是身材細瘦，臀部本身脂肪就不多，孕期產後臀部肌肉消減後，薦椎以及尾椎的骨稜直接肉眼可見裸露於肌膚下方**，少了軟組織的緩衝，自然在接觸到較硬的座椅或地

板時就會有較強烈骨頭裸露的壓力體感，這類主訴的患者我會衛教他們多練臀肌來改善，才是解決根本原因的方式。

民俗療法 肛門內喬尾椎

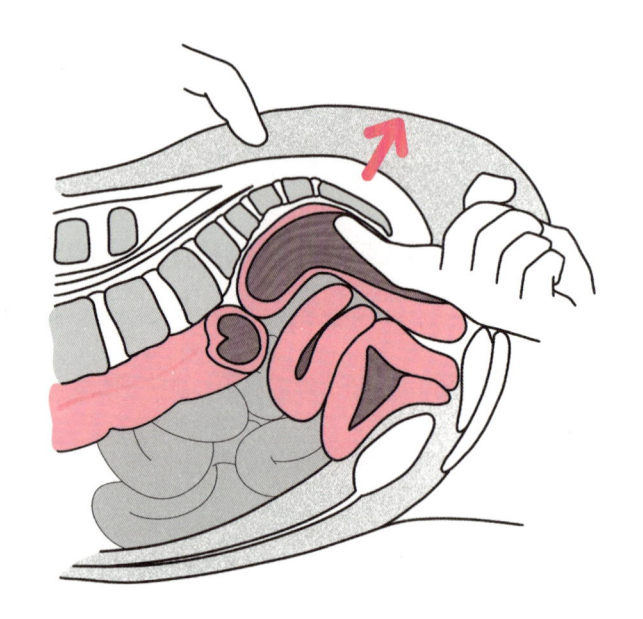

肛門內喬尾椎

相信有許多人親身經歷過或是聽說過有些人在跌坐或撞擊過後，尾椎受傷歪掉或甚至是骨折後，休息、吃止痛、注射等都不見好轉，嚴重影響生活，坐立難安，這時候就會有很多人會被推薦去找民俗療法或是物理治療，讓施術者用手指進入肛門，來矯正及復位尾骨，到底這樣的治療有沒有效呢？其實存在許多爭論與爭議，從網路上

的留言來看，會看到不少人實做過覺得有效，有些人覺得根本無效，甚至還有許多因此變成性騷擾以及性侵的案例存在。如果要問我，我會告訴你，我的眾多患者甚至身邊的人都有去做過肛門內喬尾椎的治療，確實結果分為兩派，無效者多，有效者少，但其實每個人尾椎受傷的方式以及嚴重程度不同，真的要仔細分析或是證明效力其實真的不容易，但我們可以先來破除坊間的話術及迷思。

在坊間很多使用肛門內喬尾椎的施術者或廣告文宣都會號稱可以將尾椎向內凹的骨折從肛門內向外推回去，也就是說藉由手指隔著大腸內壁去按摩並且扳動尾椎。其實這樣的說法完全不切實際，若是尾椎已經骨折，代表其骨性的結構已經被破壞，才會導致尾椎偏移的問題，以常理來說，**骨折的患者在骨傷處復位後一定還要加上「固定」，然後等待時間讓骨裂處癒合復原，才能真正讓歪掉的骨性結構在矯正後固定**，如果說光用手指就可以輕易把尾骨扳回，那麼喬完的患者只要坐下壓到尾椎可能又會產生偏移，骨折怎麼可能扳回就自動固定了，就算是傳統的中醫接骨術也都會在接骨後用夾板來固定，因此肛門內喬尾骨的理論是有問題的，但是許多患者尾椎骨折在不想開刀的狀態下，就只是想求一個希望時，就有可能會去嘗試。那究竟為什麼有些患者覺得肛門內喬尾骨對於治療疼痛有效呢？

其實我認為肛門內喬尾骨真正在做的不是處理骨性結構，而是

處理尾骨受傷處附近瘀腫沾黏的筋膜肌肉等軟組織，**跌坐造成的尾椎挫傷，除了可能造成骨性結構破裂也會有附近軟組織的撞擊傷害，骨小樑破裂所造成的瘀血加上軟組織的挫傷便會造成局部的腫脹疼痛，時日久了這些瘀血沉積在尾骨附近就會產生循環不良的結果，也就是俗稱的沾黏**，才會造成許多患者在久坐後尾椎有麻痛感，如果你有真的去跟過肛門內喬尾椎的治療現場或是被治療過，你會發現施術者的手指會在肛門內的大腸壁後側不斷的揉按甚至會用力推挖，因為這樣做就有可能揉散，推開那些所謂的筋結或氣結，也就是上述的瘀腫沾黏，進而改善症狀。

這邊要注意的事情是，如果你是尾椎剛挫傷，還處於急性腫脹的階段，是更不建議就直接揉按患部，這樣只是會讓腫脹出血更嚴重而更難收拾而已。然後我們再回過頭來說，如果治療的目的與目標是消除因挫傷而造成的急性腫脹或慢性沾黏的氣結或筋結，與其伸指進肛門隔著大腸內壁隔山打牛，還不如直接進針灸針或針刀來直搗黃龍，實質的疏通解除尾椎深處的軟組織腫脹或沾黏的問題。

我常會在臨床告訴患者，**按得再深，都不如直接用針到達目的來得強**，臨床或坊間很多施術者礙於學習歷程與法規的關係無法合法用針，所以就要想盡各種方式讓按壓的力道或是方式可以傳到最深層，甚至是找到肛門內的大腸內壁，期待可以最大縮短與尾椎處附近軟組織的距離來進行推按治療，但隨著醫療的進步，現行的針

具設計以及無菌消毒概念，已經完全可以取代古法，更有效率的從體外股溝尾椎處直接下針進去疏通沾黏，改善循環，進而消除尾椎挫傷後疼痛的問題。比起傳統的挖肛門內的大腸壁更衛生、更有效、更少併發症，也減少了許多被性騷擾及性侵的疑慮。

臨床上還會遇到一些不能合法用針的施術者會危言聳聽，不顧用針治療的不可取代性及有效度，告訴患者用針會傷害神經，造成身體機能或是氣機紊亂等嚴重副作用或後遺症，試想，如果人體的自我防衛功能及調節代償還有修復功能真的不能抵禦針的傷害，那大家都不要抽血，也別打預防針了，**在無病無痛的狀態，當然不需要針的介入治療，但當實質的傷害產生時，針具並不是毒水猛獸，只是一個現代醫療工具，能更有效率的改善症狀以及恢復生活品質。**

我常想，那些危言聳聽的施術者，如果真的那麼神，知道下針後會引起各種氣機紊亂或是業障反彈，直接辦一個測試大會給他，請有下過針跟沒下過針的民眾數位讓他盲測區分誰被施針過，或是讓同一位民眾請他先觸診或感應過一次，再帶到一個小房間看看要施針或是假裝施針後，再出來給他觸診或感應一次做區分，是否真的是他個人憑空想像的捏造或臆測其實非常好證明啊，但有幾個人出來證明過或是敢出來證明，古代的中醫源流確實是「巫醫同源」，或許古代至今，仍有一些富有神通力的能人異士，但也不乏一些只是在裝模作樣的醫者，富含神通力的醫師，大概就直接先把你治好

了，也輪不到我們用針了，如果說用針會造成極大的傷害，更何況下刀，那些開刀過的患者不就萬劫不復了嗎？醫療與信仰之間的牽絆太深，自始至今仍舊爭議不斷，值得反覆驗證及思考。

至於已經骨折或已經歪掉的尾椎，由於是在脊椎的最尾端，並無伴隨脊椎神經，且人類的尾椎被認為是猿猴類的尾巴退化而成的，原本是猿猴類用以維持平衡的結構，但隨著人類演化開始直立行走後，一般就認為退化的尾椎並沒有太重要的功能，歪掉的尾椎或許會影響整體的結構與筋膜張力的走向，但在富含代償能力的人體結構中，即便尾骨歪掉其實也可以毫無症狀。

而那些號稱一定要治好尾骨骨折，一定要復位尾骨的能人異士，宣稱這類損傷不治療就會一輩子受病痛折磨或是引發更多免疫或自律神經失調問題，你如果真的相信，就去治療看看，記得治療前後拍一張尾椎 X 光片，看看尾椎是不是真的回去了，其實有沒有真的復位，看圖說故事，一切自然昭然若揭。

再來談產後的尾椎痛與跌坐挫傷的尾椎痛，其實尾椎可能產生的偏移方向，按照邏輯來看應該是完全相反的，跌坐挫傷的尾椎可能會往身體內斷裂內陷，而孕婦尾椎則是可能在孕期變化及生產的擠壓過程讓尾椎向後翹，所以按理兩者要將尾骨推回的方向應該是相反的，而若是將手指從肛門內大腸內壁向體外扳按尾椎的治療，用於產婦的產後尾椎痛，基本上是不合理的，簡單來說，不是所有的

尾椎疼痛的問題，都是一句「因為你尾椎歪掉，所以要從肛門進去喬尾椎」就能成立的，但臨床上就是有許多尾椎痛到嚴重影響生活的患者求助無門之下，有任何治療機會都會想去嘗試看看，其實也不是說古法可以完全不用考慮，但在古法之前，是否先尋求有經驗的中醫師矯正骨盆並施針治療看看為優先，值得大家看完文章後再多做思考喔。

> 孕婦在孕期因為骨盆逐漸前傾的原因會導致尾椎向後突出體表，也可能因為產程胎兒經過產道向外推擠尾椎後加重突出，旋出的尾椎在不斷的壓迫下會造成周邊的軟組織腫脹疼痛，而造成尾椎疼痛的問題，坐椅子向後靠還會加重異物感，治療應該將骨盆與尾椎旋回復位，並通過下針將其周邊腫脹的軟組織疏通消腫，非常不建議直接去做肛門內的尾椎復位治療。而有一類過瘦的女性自覺薦尾椎常在坐臥時有異物感，其實並非其薦尾椎旋轉突出，而是她的臀部脂肪過少且肌肉萎縮，沒有天然的肉墊保護隔絕其骨性結構而裸露出外，此類患者無法調整，只能建議加強臀肌訓練來加強臀部的肉墊保護。

產後恥骨痛

恥骨位於我們人體腹部下方、生殖器上方的一個骨性結構，也就是我們從肚臍的位置往下摸快到生殖器的上方會有一條橫槓硬硬的骨頭，左邊的恥骨與右邊的恥骨會藉由結締組織聯接而成「恥骨聯合」，一般人的恥骨聯合是緊密聯結且對稱的，但在孕婦懷孕時期，因鬆弛素等荷爾蒙的作用，會導致恥骨聯合軟化鬆弛而逐漸被拉長，當胎兒通過產道時的瞬間壓力亦會加重分離的程度，這就是臨床上所謂的「產後恥骨聯合分離」，而這邊值得一提的是，一般坊間與西醫認為產後的恥骨聯合分離若是大於一公分就可能會造成產後的恥骨疼痛，但其實沒有這麼單純，畢竟這樣無法解釋那一群產後恥骨疼痛數月甚至多年不解的患者，因為恥骨聯合分離是會隨著時間的推移和鬆弛素的下降而逐漸縮回的，那怎麼還會一直在痛呢？

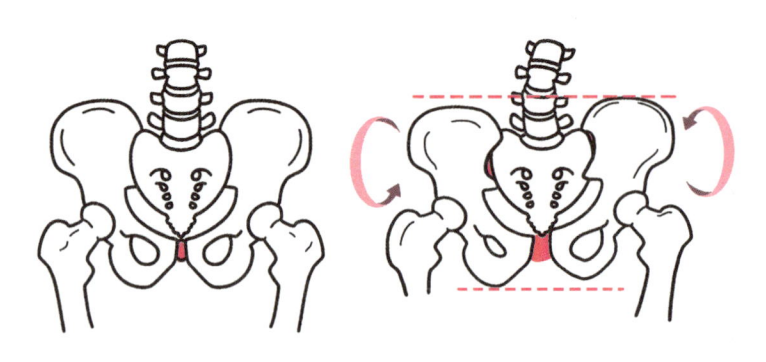

恥骨緊密
連結且對稱

恥骨分離
且翻旋錯位

所以在我的臨床經驗上，恥骨聯合除了因孕期的荷爾蒙逐漸分離外，還會有錯位以及翻旋等雙邊結構不對稱的結果產生，所以準確來說，**產後的恥骨痛應該是來自於恥骨聯合分離以及雙邊恥骨翻旋錯位所產生的結果。**

而恥骨為何會有這樣的翻旋錯位不對稱的原因，便是跟孕期的腹直肌萎縮無力有關係，我們常講的腹部八塊肌就是在指我們的腹直肌，腹直肌的起止點簡單來說分別是從我的恥骨聯合出發一路附著到我們的 5-7 肋軟骨及劍突，所以**腹直肌有穩定恥骨及維持骨盆平衡的功能**，我常會用警衛及小偷的比喻來形容恥骨聯合的翻旋錯位理論，當強而有力的警衛離職的時候，小偷就可能出現來破壞平衡，腹直肌就像是警衛一樣，強壯有力的腹直肌可以拉住我們的

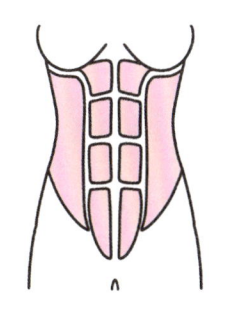

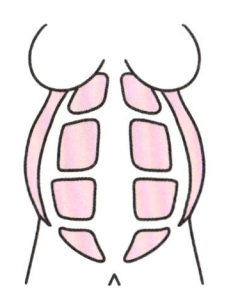

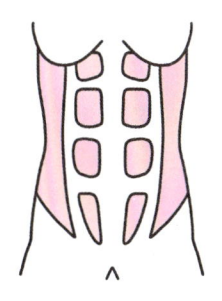

懷孕前
緊實有力的腹肌

懷孕中
腹肌撐大逐漸分離

生產後
鬆弛無力的腹肌

雙邊恥骨使他們對稱對齊，但當婦女懷孕的時候，隨著孕肚越來越大，在腹肌減少使用的狀態下，腹肌會逐漸變得相對萎縮無力，當讓恥骨得以對稱對齊的最強肌肉失去其功能的時候，扮演小偷的其他肌群便開始蠢蠢欲動，進而逐漸將兩側的恥骨拉歪使其開始翻旋錯位，因為人常會有慣用側的傾向，舉例來說，當你的慣用右大腿肌群較左大腿肌群豐滿，或是你原本在生長發育的過程中就有脊椎側彎或是骨盆歪斜的問題，種種原因都有可能造成你身體兩側的肌力不平衡，這時候**恥骨在沒有腹直肌的保護維穩下加上鬆弛素的影響，就有可能因此被次要肌群給拉歪產生不對稱的結果而發生恥骨部位疼痛**。

恥骨聯合疼痛其實許多婦女並不是產後才開始發生，約莫是在孕期的後半段就逐漸開始覺得不適了，孕期孕肚的重量對恥骨的壓迫也可能會增加其疼痛的感覺，所以有些媽媽在生產過後，恥骨疼痛的問題隨著時間會逐漸自己好轉痊癒，那是因為恥骨聯合整體的分離距離不多，翻旋錯位的程度也不高，隨著腹肌開始正常活動活絡加上鬆弛素影響力逐漸下降，恥骨聯合逐漸回縮並復原成原本對稱的平衡結構。

而在臨床上和我的門診觀察中，有許多媽媽產後恥骨疼痛持續不解，甚至你還會遇到產後一年還在恥骨痛的患者，這類患者通常**主訴會表達下體恥骨處有腫脹感，側躺翻身時會引發該部位的疼痛**

感，下腹悶脹緊繃感，甚至會在小便的時候有局部異常不適的感覺，這都是因為這些媽媽的恥骨分離，翻旋錯位的程度較嚴重，且沒辦法在產後隨著時間自我修復，局部過大的長期張力造成疼痛後反覆發炎，所以才可能會造成這些沾黏，腫脹疼痛的症狀。另外還值得一提的是，在我的臨床觀察中，會發現還有一小群產婦，第一胎產後恥骨疼痛不解，也沒去治療，但卻發現生完第二胎就好了，覺得被第二胎救贖，這樣的臨床案例在理論解釋上，會認為這類媽媽在第一胎產後恥骨翻旋錯位較嚴重，隨著鬆弛素影響下降，恥骨聯合分離後逐漸緊縮，但卻呈現在翻旋錯位不對稱的位置，並形成沾黏疼痛，但當第二胎來臨時，恥骨聯合的距離及附近的軟組織沾黏又再次被拉開，但這次或許因為產婦在第一胎後有開始運動了，腹直肌恢復的功能較好，又或是本體雙側不平衡的肌力因為有特別運動或是在更沒運動的育兒生活下，雙邊強化或是雙邊弱化的結果下，讓第二胎的恥骨翻旋錯位的程度降低，這樣的狀況我們按照剛才的比喻來形容，就是第二胎的婦女這次有請警衛回來值班，或是小偷們大家的能力都變差了，就算警衛不在也偷不了東西，恥骨處的疼痛便因此而解除了。

在了解了產後的恥骨痛成因之後，在治療上的策略就非常清楚了，我們可以透過正骨整復的手法，矯正脊椎側彎或是骨盆歪斜，來達到解除恥骨翻旋錯位的狀態，請患者在恥骨聯合修復期間維持良好

坐姿，減少蹺腳或是斜躺歪坐等不良習慣，並加強腹直肌的訓練，啟動活化腹直肌的功能來加強警衛對於恥骨聯合對稱的看守能力，有些產婦在經過手法治療後，當下就能解除恥骨的壓痛感，而仍有不少患者恥骨的痛感只有些微的下降，其原因仍是我在前面篇章所講述的慢性發炎的問題，恥骨疼痛絕大多數都是在孕期就發生，恥骨處的軟組織反覆疼痛發炎下，就會形成許多沾黏腫脹等循環不良的結果，這時候就必須在**骨架矯正對稱後，再多施加針灸或是針刀來解沾黏、消腫脹，達到改善循環的目的**，在臨床上的效果也是非常顯著，立竿見影。

> 產後的恥骨痛應該是來自於恥骨聯合分離以及雙邊恥骨翻旋錯位所產生的結果，這類患者通常主訴會表達下體恥骨處有腫脹感，側躺翻身時會引發該部位的疼痛感，下腹悶脹緊繃感，甚至會在小便的時候有局部異常不適的感覺，其治療應該矯正骨盆讓恥骨聯合對位，嚴重者下針加強恥骨處的消腫效果，並建議患者通過復健運動來加強腹肌的肌力以穩定關節。

產後鼠蹊痛/該邊痛

　　鼠蹊的位置就是我們的大腿根部內側、腹股溝處，也就是我們俗稱的該邊，很多產婦都會把此處的疼痛跟恥骨聯合分離疼痛的問題搞混在一起，其實只是位置相近，成因與治療方式與治療重點卻不相同，臨床上遇到不少產婦有鼠蹊部症狀的主訴是**鼠蹊處腫痛感，開胯動作，跨坐動作或是盤腿翹腳時會引發疼痛且角度受限，更甚者連走路都會感覺牽動到鼠蹊患部周圍的肌群而產生疼痛，導致行走困難或是跛行**，有些人是在孕期後期就開始發生症狀，而有些人是在產後才開始加重，較輕微的經過休息或是放鬆會自行痊癒，較嚴重的不論怎麼休息都無法解除這惱人的問題而嚴重影響生活品質。

　　產後的鼠蹊疼痛，在我臨床上的觀察通常是因為髂腰肌處的緊繃或是腫脹發炎所引起，髂腰肌是髖部重要肌肉之一，主要由腰大肌、腰小肌和髂肌組成，三條肌肉互相運作，主要幫助人體做髖部屈曲的動作，其中腰大肌與髂肌的連結終點都是位於髖關節處，股骨的小轉子上，所以我們可以很好的解釋，造成髂腰肌緊繃的原因除了因為孕期骨盆逐漸前傾及久坐缺乏運動下，導致髂腰肌逐漸緊縮僵硬，髖關節中的股骨因鬆弛素及肌肉無力所產生的異常旋轉錯位，亦有可能導致髂腰肌發生異常的張力而導致腫脹發炎

　　有這類症狀的產婦，較輕微的，有時候可以透過髂腰肌伸展的方法獲得改善或緩解，但在臨床上其實遇到不少媽媽自己在家執行

髂肌　　腰小肌
　　　　腰大肌

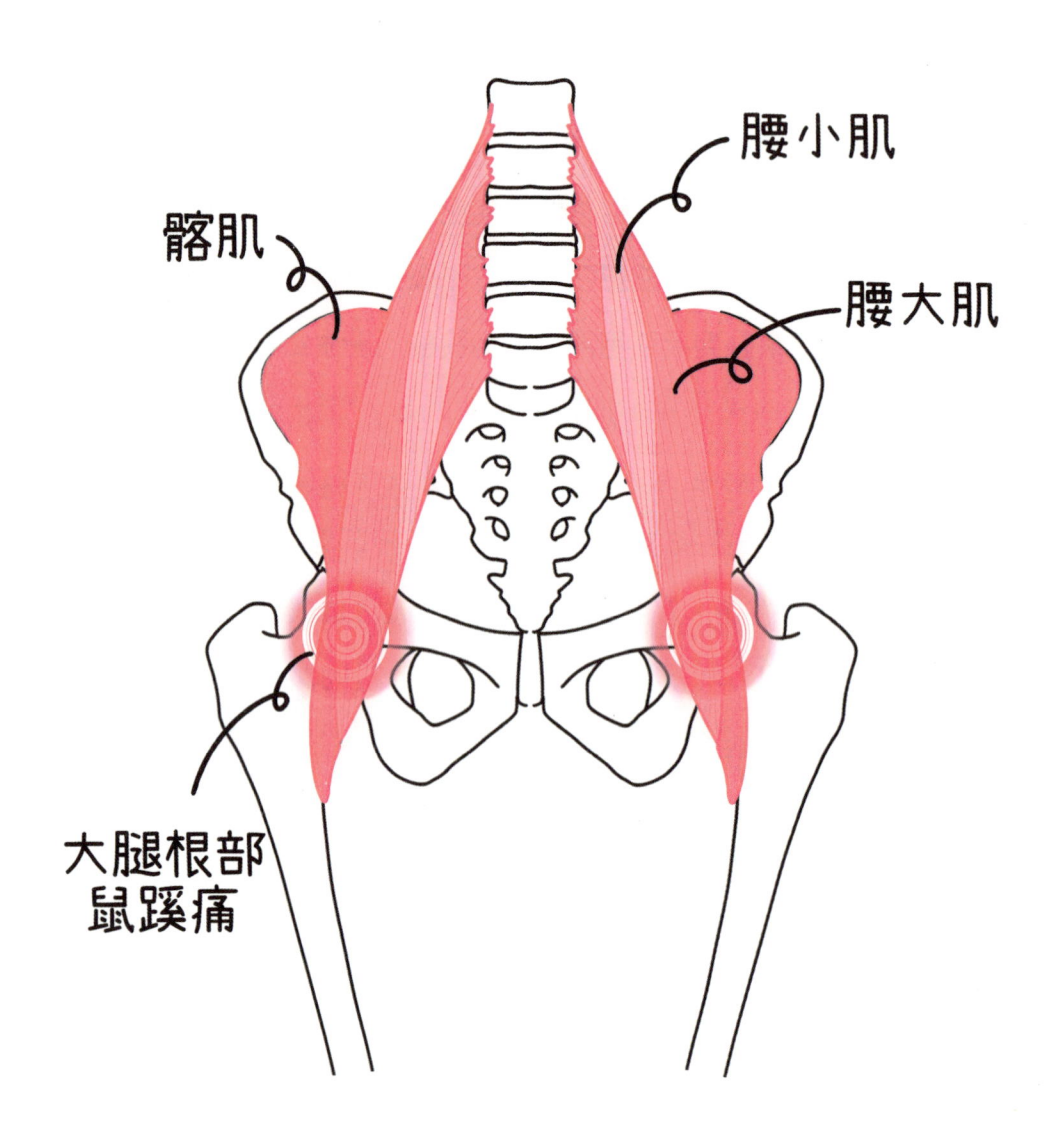

大腿根部
鼠蹊痛

髂腰肌伸展或是局部施以推按放鬆的方法都效果有限，其原因就是因為骨關節的錯位程度相對嚴重，所以在治療上，醫師可以藉**由脊椎骨盆矯正，先改善骨盆前傾的角度，再將髖關節的錯位復位轉正，便可使髂腰肌的異常張力獲得釋放與改善**，若整體復位後，鼠蹊處的腫痛仍不消，那可能是因為病程拖太久，鼠蹊處的肌肉筋膜除了緊繃之外還產生了慢性的腫脹沾黏，**在局部施以針灸或針刀便可快速有效的消腫止痛並改善局部循環**，效果顯著。

> 產婦有鼠蹊部症狀的主訴是鼠蹊處腫痛感，開胯動作、跨坐動作或是盤腿翹腳時會引發疼痛且角度受限，更甚者連走路都會感覺牽動到鼠蹊患部周圍的肌群而產生疼痛，導致行走困難或是跛行，骨盆前傾以及髖關節的異常旋轉錯位都可能引發此症狀，故其治療仍應該矯正骨盆並配合針灸治療放鬆相關肌群，並請患者配合髂腰肌的伸展復健。

其他

高低肩與長短腳

　　臨床上會遇到很多媽媽來診間求診時，非常在意自己的高低肩與長短腳，最常見的主訴就是，穿衣服的時候，衣領很容易滑向一邊，或是很明顯就能肉眼在鏡子中看出自己的肩膀一高一低，而穿褲子的時候，總覺得褲頭卡在腰髖兩側的位置總是會一高一低，或是褲管垂下靠近腳踝處會有一長一短的表現，更甚者會覺得走路重心偏重一側。

　　撇除先天發育異常的問題，高低肩與長短腳在坊間常常會有一個誤解，那就是總是認為高低肩是脊椎側彎造成的，而長短腳是因為骨盆歪斜造成的，其實不然，就如同我前面篇章所述，人體是一個非常複雜的連動結構，牽一髮而動全身，試想骨盆歪斜有沒有可能造成高低肩？脊椎側彎有沒有可能造成長短腳？

　　所以再完整一點來說，我們應該把原本的概念修正成**脊椎側彎與骨盆歪斜可能會共同造成高低肩與長短腳**。脊椎側彎與骨盆歪斜的機轉、學問與治療其實是多元論，臨床上各門各派皆有各自的論述與看法，而這兩個名詞對於一般人來說是一個既陌生又熟悉的問題，熟悉在於很常在大街小巷聽到，陌生在於不曉得對自己的影響如何而感到有未知的恐懼感。

其實，脊椎側彎與骨盆歪斜的問題非常常見，每個人多少都會有一些脊椎側彎跟骨盆歪斜的問題，只是嚴重程度的差別而已，所謂嚴重，就是側彎與歪斜的角度相當大，這種通常是在發育時期因為基因的關係或是真的姿勢習慣非常差所導致的，通常難調整且會隨著年紀越大越定型，身體的肌群因側彎或歪斜會逐漸傾向單側出力，久而久之，雙邊肌力失衡，失衡的狀況下繼續運動或勞動，強者恆強，弱者恆弱，側彎或歪斜的角度就會更大，這時候要靠運動治療或是整復手法來矯正就會逐漸困難，所以能在年輕時就建立良好的運動習慣以及盡早尋求正骨評估與治療才是最好的預防醫學概念，==畢竟輕微的脊椎側彎或骨盆歪斜，加上好的保養，身體要用一輩子是絕對沒有問題的==。

臨床上我們常常透過治療去驗證結構理論，所以為了證明脊椎側彎亦會影響長短腳的表現，我們可以在測量原本長短腳差距後，先進行脊椎矯正手法，再去量矯正後長短腳差異，你會發現差距可能會因此縮短，之後再去矯正骨盆，長短腳就能消除恢復平衡，同理可依此再做更廣的延伸，做一樣的實驗，其實你可能會發現，矯正任何關節都可能會影響到長短腳的表現，這只是說明了，==身體的每一處結構都是環環相扣、緊密相連的==，所以這裡會有一個很重要的臨床心得，當你想要快速改善某些疼痛症狀時，有經驗的治療醫師會根據疼痛的部位以及臨床觀察及經驗，去調動可能最相關的關節

或軟組織，效率高，但你可能會發現疼痛改善了一大半但並沒有完全好，而且可能還會逐漸復發，換言之，**想要更全面的去治療同一個部位的疼痛時，我們若是給予散彈槍治療**，也就是將全身有問題的關節跟軟組織都做了調整，讓身體的不平衡以及代償可以在**單次治療獲得最大的改善甚至直接痊癒**，獲得其效果與持續的保固能力，我們可以想像一定是更好的，只是這樣的治療相對費時費力以及更考驗醫術能力，且可能不太能適合現今的健保醫療環境。

但不論是何種治療，想要真的做到完全不復發，一定還是得脫離現有的工作或生活模式的惡性循環，並建立規律的運動習慣，不然給予任何再強再完整的治療，試問有誰能保證永遠不復發呢？

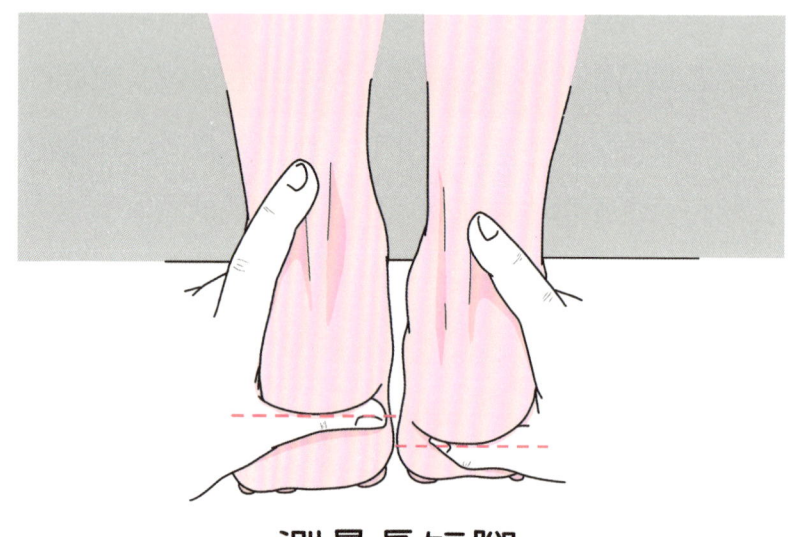

測量長短腳

但也不能因此否認治療存在的必要，在坊間會看到不少號稱原本是整骨專家的人士，說自己整骨多年，發現整骨的效果不好，而且容易復發，所以開始鼓吹大家要開始跟著他多注意姿勢維持跟一些養生運動及拉筋，許多民眾可能因此被誤導，不要整骨，整骨不但沒效還會復發。

　　先不說那些整骨專家的號稱與經歷是不是真的，我的臨床觀點是，已經在腫、痛或麻的患者，一定是要先透過各種有效的治療去消除症狀後，才要開始去注意姿勢不良以及去遵從那些養生功法，才是更有效的避免復發，**而不是幻想跳過治療就想要靠養生功法來逆轉症狀，沒逆轉就算了，還因此延誤治療的黃金時期，那不就更得不償失了呢？**

　　那些姿勢指導與養生功法的課程，其實是滿適合一般單純只有痠痛或是無太大病痛的民眾，但已經存在實質受傷的患者，治療配合復健才是通往康復的康莊大道，甚至養生操以及一般拉筋的強度還不一定夠，或許健身房的個別肌力鍛鍊已經有實質性的必要了。

　　再來不得不提一下臨床上常遇到的「長短腳」坊間陷阱，並不是所有的長短腳都能靠矯正都能恢復平衡的，原因就是長短腳其實是有分「功能性長短腳」與「結構性長短腳」的，「功能性長短腳」就是我上述那些因為身體雙邊肌肉不平衡或是結構歪斜所導致的「假性長短腳」，因為結構旋轉錯位導致骨盆產生高低差，一般測量，

會請受試者趴在床上時將其雙腳併攏，就會有腳一長一短的假象，而這長短的差異在臨床的統計觀察下，大約會落在 2 公分以內，且通常是可以通過矯正相關關節消除的，而那些量測出 2 公分以上的患者，我們一般就會建議患者可以更進一步去做一些影像學檢查，去測量雙邊足踝到小腿骨到大腿骨的真正長度，去看看是不是「結構性長短腳」，因先天的結構發育不良的關係產生的雙邊長短距離差異，或是因為曾經單邊腿部骨折病史，重接過而造成單邊骨頭變長的結果等等，而這類「結構性長短腳」絕對無法靠矯正來消除長短差距恢復平衡，唯一的治療方法就是墊高單邊的鞋墊，讓短腳增加高度與長腳齊平，不然隨著發育或是定型，骨盆會因實質性不平衡的長短腳而變得歪斜進而影響到脊椎側彎。

以上的臨床經驗我們可以總結，若是**在患者趴姿兩腳併攏下，足跟的水平差距在 2 公分以內，可能是「功能性長短腳」，藉由各種方法矯正關節恢復身體平衡即可達到修正消除長短腳的目的**，但若是**長短腳的差距差超過 2 公分，那便可以合理懷疑是「結構性長短腳」，建議進一步的影像測量以及配置鞋墊才可能是補足短腳差距的最好治療**。而臨床上絕大多數的人，測量長短腳都會是在 2 公分以內，畢竟有「結構性長短腳」的人真的不多，甚至可以說非常少，但**在坊間很多不肖業者很常為了販賣恐懼以及希望**，在治療之前，會透過一些擺位伎倆去製造超過 2 公分的長短腳來驚嚇患者，畢竟大於 2 公

分的差距才會讓一般不瞭解的民眾產生恐懼感，說你的長短腳僅僅只差 1 公分，會害怕的人真的是不多，說你長短腳不但超過 4 公分還把你調平了，才會更顯得施術者的醫術高超，但其實都只是騙術而已，你有沒有想過如果你的長短腳超過 2 公分以上，你平常走路會感覺不出來嗎？那些被說超過 4 公分甚至 6 公分的患者，你怎麼沒有思考過你剛剛為什麼不是撐著拐杖走進治療區呢？

說穿了，「功能性長短腳」嚴重不嚴重並不是看數字的絕對值，2 公分內看起來好像影響不大，只是因為比例尺的問題而已，畢竟人對於一兩公分的長度並不會有太大的衝擊感受，這也是為什麼那些不肖業者會謊稱更大的長短腳差距來嚇唬民眾，其實一般來說，差距 0 到 1 公分之間的關節歪斜程度較輕，而差距 1 到 2 公分之間的關節歪斜程度較重，其嚴重度也可以由另一個層面來判斷，透過矯正關節容易消除長短腳的患者問題較輕，而透過矯正關節不容易消除長短腳的患者問題較重，也就是好調或難調的差別。

那些製造誇張長短腳的擺位伎倆，說實在的一般民眾在相關知識不足的狀況下也很難預防，在這邊只能建議民眾找專業有誠信的醫療人員進行評估與治療，或是**將 2 公分以上的長短腳是調不動的概念放在心中，又或者是應該以調整完，自己主訴不適的症狀是否有改善來當作治療是否有效的依據。**

而另外一些在臨床上最常被問的問題是，是不是每個人都會有

功能性長短腳？長短腳都需要治療嗎？

這個問題在龐大的臨床經驗總結下，我會回答，其實絕大多數的人都會有功能性長短腳，只是嚴重程度的差別而已，但也是會遇到，有少部分的人身體結構狀況不錯，測量之下，是沒有長短腳差異的民眾，至於是不是長短腳都需要治療？那要看你有沒有產生不舒服的症狀，正如我前面所述，每個人的一生中，難免都會有一些脊椎側彎與骨盆歪斜，輕微的脊椎側彎與骨盆歪斜，在沒有過多勞動或是過度肥胖且有規律運動下的民眾，身體的代償能力極佳，脊椎骨盆等關節用一輩子可能都不會有症狀也不需要開刀，但那些測量出長短腳有較大差距的患者，可能回推就代表著脊椎側歪與骨盆歪斜的情況是相對嚴重的，若在過度勞動以及嚴重肥胖且缺乏運動的生活下，身體的代償能力極差，一定會逐漸開始出現許多痠、麻、脹或痛的症狀，若不定期治療或是降低勞動強度、同時體重控制並養成規律的運動習慣，那很有可能在短期或長期的傷害累積之下，會有骨關節退化受損的問題發生，身體各處症狀不斷且面臨開刀的風險也可能會大大增加。

所以**長短腳的測量，只是輔助我們臨床上的評估，比方說透過處理某處關節來觀察長短腳差距縮短變化的情形來判斷，該關節造成身體不平衡的比重或比例為何，長短腳只是一個結果，並不是所有的功能性長短腳都有治療的必須性**，應該同時收集其他資訊並經由綜合評估來當作最後是否需要治療的判斷依據。

> 脊椎側彎與骨盆歪斜可能會共同引發高低肩與長短腳，在坊間常常會有不肖業者濫用長短腳定律來欺騙患者，誇大長短腳的嚴重程度來販賣恐懼與希望，先天的長短腳只能靠鞋墊來補足，後天的長短腳才能藉由脊椎骨盆矯正來恢復平衡，測量長短腳只是治療上的一個參考，治療後的症狀改善才是我們主要要關注的結果。

產後漏尿/產後排尿困難

相信有許多媽媽在懷孕的後期孕程中，都有經歷過漏尿的症狀，有的媽媽在產後休息一陣子過後就能自行恢復正常，但有些媽媽卻明明已經產後三個月或半年以上仍不堪其擾。

產後漏尿又稱產後尿失禁，其症狀表現常常會是在產婦咳嗽、打噴嚏、大笑或者是小跑步及跳躍的時候，因腹壓會瞬間增加的狀態下不自主的滲漏出尿液，嚴重無法自癒者可能會大大的影響到媽媽產後的身心及生活，西醫在產後漏尿成因的立論基本上是多因子論，也就是提出了許多可能跟許多假說來解釋可能會造成產後漏尿的原因，像是胎兒重量的壓迫、骨盆底層神經受傷、膀胱頸的位移、體內荷爾蒙的改變、產程遲滯、生產方式……等等，並沒有一個確切的定論可以來完整闡述其病因和病機，而不論是什麼原因造成產後漏尿，

許多產婦在產後都會先被衛教以**相當有名的「凱格爾運動」來活化與強化骨盆底肌，以期可以恢復約束尿道功能來避免腹壓增加時漏尿**，所以我們能暫時先得到一個結論就是，有某些原因會導致產婦的骨盆底肌無力，所以在我們腹壓增加時，功能失常的骨盆底肌無法有效收縮來鎖住我們的尿道，就會產生尿失禁的問題。

而在中醫的角度來看產後漏尿，論述也是相當多元，在中醫古籍黃帝內經《素問・咳論》中就有提到「膀胱咳狀、咳則遺尿。」其實就是在形容腹壓增加造成漏尿的症狀。而在產後的尿失禁中，因產婦多虛，多焦慮，且中醫常認為中氣與腎氣有升提與約束膀胱的功能，而肝氣在調節水道扮演了重要的角色，所以中氣不足、腎氣虧虛、肝失疏泄等等證型，就常常成為中醫臨床在看待產婦們產後漏尿的常見原因，所以**臨床上許多中醫可能就會以補中益氣、溫腎固澀、疏肝理氣等等的治則來治療產後漏尿的問題。**

確實，在我治療許多產婦的中醫臨床經驗下，產後漏尿的原因確實可能是多元共構的，但絕大多數的中醫都是以內科開立中藥的角度來評估處理產後漏尿的問題，但其實如果會從中醫正骨的角度去分析治療產後漏尿的問題更能立竿見影，誠如上述西醫一般認為產後骨盆底肌無力是造成產後漏尿的主要原因，但到底是什麼問題造成骨盆底肌無力一直沒有定論，而我的臨床觀察及治療結論是，**產後的骨盆歪斜造成了骨盆底肌無力，所以沒辦法在腹壓增加時約束**

<mark>尿道而產生尿失禁。</mark>

　　這邊提到了一個很重要的概念，就是骨架排列的曲線或是關節的錯位會影響肌肉筋膜原有的延展以及收縮能力，舉例來說，許多產婦在產後來找我調整恢復脊椎骨盆的生理曲線，在只有整骨，沒有任何拉筋或推拿按摩的治療下，許多產婦會發現調整完的當下，站姿體前彎的延展度會大幅上升，原本碰不到地板的手，竟然能碰到地板了，產婦可能會驚呼「我的柔軟度怎麼變好了？」，但其實嚴格來說，不是柔軟度變好了，應該說那是你原本就有的柔軟度，只是在妳懷孕的過程因脊椎骨盆的生理曲線改變成大 S，所以原有的肌肉筋膜延展度被限制，被封印了，我們只不過是靠著正骨的方式來恢復孕前的小 S 生理曲線，所以恢復了原本就有的肌肉筋膜的延展度而已。

　　用更極端的比喻方式，我常會說，假設我今天手肘關節因受到撞擊錯位了或是脫臼了，導致我手肘手臂不能完整彎曲，這時候你應該不會說：「林醫師怎麼你的手臂柔軟度變這麼差？」，而正確嚴格來說，是因為我的手肘關節障礙導致了我的手臂肌群收縮受到限制，受到封印，而當我把自己的手肘做了復位，把手肘的關節裝好，這時我的手肘手臂突然又能彎到底了，你應該也不會說：「林醫師怎麼你的手臂柔軟度變好了？」，而是會認為因為我的關節復位了，所以手臂的肌肉恢復原本的收縮及延展功能，不會受到限制

了。同理可證，骨盆骨架的歪斜可能會造成骨盆底肌的收縮功能受到限制，那些骨盆歪斜不嚴重的媽媽可能在產後因為休息或透過凱格爾運動，骨盆因孕期及產程而造成的歪斜會自己復原或是因為再更強化了自己的骨盆底肌而讓產後漏尿獲得了改善。

但你會發現有一群媽媽產後漏尿明明也努力做了許久的凱格爾運動，就是不見漏尿緩解或痊癒，就這樣持續漏了半年以上甚至更久，如果骨盆底肌無力的論述是成立的，沒道理凱格爾運動不能將產後漏尿全壘打呀，就像你每天舉啞鈴，手臂的肌肉怎麼可能不會逐漸變強壯？

那勢必**造成骨盆底肌無力更之前的一個原因沒有被解除，也就是較嚴重的骨盆歪斜**，讓骨盆底肌直接呈現當機無法收縮的狀態，而最好的證明就是通過骨盆矯正的治療後，這些產後漏尿的產婦可以獲得立即性的症狀改善，突然就能憋尿了，因為骨盆旋轉復位對稱後，骨盆底肌的封印被解除，而恢復了其原本就應有的收縮能力，自然就能在腹壓增加時鎖住我們的尿道來避免尿失禁。

這裡並不是鼓吹大家產後漏尿只要喬骨盆就好，而是應該在凱格爾運動訓練無效之下，可以優先考慮骨盆矯正當作保守第一線治療，而不要一下就跳到西醫的雷射或注射，甚至是尿道懸吊手術去。

而且呼應我前篇所述的，一個接近完整的治療，應該是「標本同治」，所以我認為骨盆矯正的同時，搭配凱格爾運動去啟動以及

強化骨盆底肌的功能，並配合中藥調理氣血，補氣溫腎等應該是要同時進行的，我想這樣才是最接近完整治療的「標本同治」之法。**產後體重過重的媽媽們還要額外考慮到體重壓迫，腹壓增加的問題，若是沒有配合減重，單純喬骨盆的幫助也會有所限制。**

接著我們再來提一些臨床案例，曾遇過不少媽媽表示，第一胎生完漏尿嚴重，結果第二胎生完就不漏了，這些案例非常值得我們思考究竟其中發生了什麼？

真的是如一些假說，像是胎兒壓迫造成肌肉過度擴張或神經受損嗎？如果是的話，為什麼第一胎受損後會在第二胎復原？若是因骨盆底肌萎縮無力為什麼會在第二胎之後就變得有力了？

還記得我們前面產後恥骨痛的篇章也提到一樣的案例嗎？很多產婦的恥骨痛有時候在生完第二胎竟然就好了。

其實原因雷同，可能是因為產婦在第一胎後有開始運動了，腹直肌恢復的功能較好，又或是本體雙側不平衡的肌力因為有特別運動或是在更沒運動的育兒生活下，雙邊強化或是雙邊弱化的結果下，讓第二胎關節重新鬆弛後，骨盆翻旋錯位的程度降低，按照警衛小偷論的比喻來形容（詳見產後恥骨痛篇章），就是生第二胎的婦女這次有請警衛回來值班，或是小偷們大家的能力都變差了，就算警衛不在也偷不了東西，所以第二胎生完後，骨盆相對對稱，骨盆底肌因骨盆錯位造成的收縮能力限制被解除了，或許再加上凱格爾的

運動重新訓練與活化，才能在第二胎脫離產後漏尿的苦海。而那些第二胎生完骨盆還是歪的產婦自然就還是漏尿無法痊癒了。

臨床上甚至還遇到不少產後一年甚至是三年還在漏尿的媽媽們，試問你會讓自己產後漏尿拖這麼久嗎？

有意識到這些問題嚴重性的媽媽很多都非常努力的在做凱格爾運動，甚至上健身房增強能增強的肌力，補氣補腎的中藥也吃了，G動椅也坐了，就是不見好轉，因緣際會下找來我的門診治療，觸診之下，骨盆就是比較歪的，這類患者會相對難治療的原因，首先第一個是因為**肌肉筋膜在骨架歪斜下，被限制延展收縮時日久了，它自己本身的功能及品質真的會隨之退化，就好比說駝背久了，肩頸的彈性會逐漸減少而趨於僵硬，也就是所謂的「定型」**，再加上在骨架歪斜的狀態下沒有受到適合的運動處方就自行健身運動，可能會讓歪斜的骨架更加鞏固或甚至更加歪斜。

這時候這類久病的產婦可能就會依照嚴重程度，會需要比剛生完的產婦再花更多一點時間矯正骨盆與復健恢復骨盆底肌的正常收縮能力。產後尿失禁至今的機轉仍不明確，多因子論是現況，根據臨床經驗能有更多的思考推演，相信可以提供更多有相關問題的媽媽們當作一些參考。

接著值得一提的是，在我的中醫臨床經驗中，產後的**尿失禁多因骨盆歪斜的比重較高**，而更年期的尿失禁則是多因體虛及肌肉萎縮，其治療的方向大大不同，但兩者不論成因，預防都是最好的治療。

最後要提到的是產後排尿困難，這類的產婦比起產後漏尿的媽媽少見一些，但我在臨床上還是遇到不少，這類媽媽也是會到處去看醫生，嚴重的甚至還會插尿管幫助排尿，而**這類患者排尿困難的原因，我認為也是跟漏尿的機轉是一樣的，在骨盆歪斜的狀態下，與排尿相關的肌群功能失常，受到限制，導致無法順利排尿**，這類的患者我除了會開立中藥來溫通與疏通泌尿系統之外，我也常常在執行完脊椎骨盆矯正後，立刻請有這類症狀的媽媽去廁所試試看排尿，絕大多數的媽媽當下都是回饋排尿變正常了，這些都是我在門診中最常使用的診斷性治療，在大量的經驗下，總是效果顯著。

凱格爾運動

凱格爾運動（Kegel Exercise）是在 1948 年由美國醫生 Arnold Kegel 醫生所發表，此運動是藉由重複縮放部分的骨盆底肌肉，以達到增加尿道阻力的目的，幫助產婦降低產後尿失禁等問題，也被認為對女性治療陰道脫垂、預防子宮脫垂有益。

運動方法

1. 平躺屈膝，雙腳著地，雙手緊貼地面，臀部往內夾緊抬起，膝蓋跟身體呈一直線，呈現臀橋式。
2. 在臀橋式下深吸一口氣增加腹壓，再慢慢吐氣同時做憋尿及肛門收縮的動作，直到氣息吐完。吸氣放鬆 10 秒，吐氣收縮 10 秒。
3. 建議每天找三個時段練習，每個時段至少做 15 組，至少持續做 3 個月。

凱格爾運動

> 在龐大的臨床經驗中，絕大多數的產後漏尿是來自於骨盆歪斜造成，產後骨盆底肌無力算不上原因，而跟漏尿同是一種結果，骨盆歪斜導致骨盆底肌的收縮功能異常，無法正常的排尿，所以在產後的漏尿治療上，應以骨盆矯正配合凱格爾運動為第一線治療，並可以考慮輔以補氣溫腎的中藥加強調理。而一些體重過重的患者要配合體重控制減少腹壓，並增強下盤肌力才有辦法改善痊癒。

產後結構篇章結語：

不要期待有什麼仙丹妙藥注入體內就能遠離疾病，均衡的飲食、規律的運動與充足的睡眠才是養生養顏長命之道。

產後喬骨盆，身心修復與體態恢復最速回血指南

從頭到腳，由裡到外，史上最完整的中醫產後調理聖經

作　　者	林蔚喬 醫師・柯莉文 醫師
繪　　者	劉鴻略 醫師
發 行 人	林敬彬
主　　編	楊安瑜
編　　輯	林子揚
內頁編排	方皓承
封面設計	陳語萱
行銷企劃	徐巧靜
編輯協力	陳于雯・高家宏
出　　版	大都會文化事業有限公司
發　　行	大都會文化事業有限公司
	11051台北市信義區基隆路一段432號4樓之9
	讀者服務專線：（02）27235216
	讀者服務傳真：（02）27235220
	電子郵件信箱：metro@ms21.hinet.net
	網　　　址：www.metrobook.com.tw
郵政劃撥	14050529 大都會文化事業有限公司
出版日期	2025年09月初版一刷
定　　價	480元
ＩＳＢＮ	978-626-7621-14-1
書　　號	Health⁺218

First published in Taiwan in 2025 by Metropolitan Culture Enterprise Co., Ltd.

Copyright © 2025 by Metropolitan Culture Enterprise Co., Ltd.

4F-9, Double Hero Bldg., 432, Keelung Rd., Sec. 1, Taipei 11051, Taiwan

Tel:+886-2-2723-5216　　Fax:+886-2-2723-5220

Web-site:www.metrobook.com.tw　　E-mail:metro@ms21.hinet.net

◎本書如有缺頁、破損、裝訂錯誤，請寄回本公司更換。
版權所有・翻印必究　　Printed in Taiwan. All rights reserved.

國家圖書館出版品預行編目（CIP）資料

產後喬骨盆, 身心修復與體態恢復最速回血指南 / 林蔚喬, 柯莉文 著. -- 初版. -- 臺北市 : 大都會文化事業有限公司, 2025.09
224 面 ; 17×23 公分 -（Health+ ; 218）
ISBN 978-626-7621-14-1（平裝）

1. 產後照護 2. 婦女健康

429.13　　　　　　　　　　　　　　114005221